工业信息化技术丛书

智能计算协同优化算法及应用

刘 升 游晓明 著◎

U0281346

電子工業出版社.

Publishing House of Electronics Industry

北京·BEIJING

内 容 简 介

本书主要研究如何将文化进化的思想融入现代计算智能的理论与实践中，探讨如何发掘文化进化和自然进化机制在现代计算智能的理论与实践中的和谐统一，协同进化以形成新的计算方法，并将这些协同进化计算方法应用于函数优化和组合优化等具体问题中，主要包括基于进化规划的文化算法设计、文化粒子群优化算法、文化蚁群优化算法、文化免疫量子进化算法，以及算法的应用。

这不仅能够模拟生物种群的自然进化，而且能够模拟生物种群进化过程中的文化进化，在不同层次上揭示生命现象和进化规律，真正做到协同进化、共同发展和互相适应。这是一个创新性与探索性较强的研究领域，具有重要的理论意义和应用前景。

本书可供计算机科学、控制科学与技术和管理科学等学科的高年级本科生、研究生用作教材或参考书，也可供工程技术人员参考。

图书在版编目（CIP）数据

智能计算协同优化算法及应用 / 刘升，游晓明著. —北京：电子工业出版社，2020.9
（工业信息化技术丛书）

ISBN 978-7-121-38657-2

Ⅰ. ①智… Ⅱ. ①刘… ②游… Ⅲ. ①智能计算机—最优化算法—研究 Ⅳ. ①TP387

中国版本图书馆 CIP 数据核字（2020）第 037258 号

责任编辑：刘志红
印　　刷：北京虎彩文化传播有限公司
装　　订：北京虎彩文化传播有限公司
出版发行：电子工业出版社
　　　　　北京市海淀区万寿路 173 信箱　邮编　100036
开　　本：720×1 000　1/16　印张：12.5　字数：160 千字
版　　次：2020 年 9 月第 1 版
印　　次：2024 年 8 月第 3 次印刷
定　　价：108.00 元

前　言

　　随着计算机应用技术的迅速发展，人们对高效优化技术和智能计算技术提出了更高、更新的要求。鉴于实际工程问题具有复杂性、约束性、非线性、多局部极小和建模困难等特点，寻找适合于工程实践需求的新型智能优化方法一直是许多学者的一个重要研究方向。

　　用传统数学方法求解优化问题的历史相对悠久，当前仍然在不断的发展，但这些传统的方法大多是针对解决某些特定问题的，并且对搜索空间的要求相对严格，有些方法更要求使用被优化函数的各阶导数信息。特别是在面对某些大型问题时，需要遍历整个搜索空间，从而会产生搜索的组合爆炸，无法在多项式时间内完成搜索。

　　20世纪40年代以来，人们一直在利用来自生物系统的灵感来解决许多实际问题，构造并设计出许多仿生优化算法，这些都是模拟自然界生物系统、完全依赖生物体自身的本能、通过无意识的寻优行为来优化其生存状态以适应环境的一类新型的优化算法。目前比较流行的新型仿生优化算法有蚁群算法、微粒群算法、人工免疫算法和人工鱼群算法等，这些仿生优化算法已为解决实际应用中的许多优化问题做出了很大的贡献，也是当今仿生智能领域的研究热点。

然而，仿生优化算法的许多研究迄今为止大都还只是集中在生物（或者说是基因）自然选择（竞争）这一层面上，它们大都是模拟生物在自然环境中的**生物学行为**而形成的，缺乏对种群进化过程中文化知识的抽象、分类、表达、存储，尤其是缺乏文化的传播和交流等复杂的**社会学行为**对算法性能改善的研究。

大量研究表明：文化传播并不是人类所独有的，生物群体进化是生物进化与文化进化的综合结果，种群在进化过程中，个体知识的积累及群体内部知识的交流所形成的文化在另外一个层面促进群体的进化，文化能使种群以一定的速度进化和适应环境，而这个速度是超越单纯依靠生物遗传进化速度的。

从进化机制上看，作为两个相对独立的进化系统，生物进化偏向于一种特征，而文化进化有利于一种倾向。它们形成的特征和倾向是相互影响的，它们之间存在着协同行为，Étienne D 在 *Science* 上发表的论文分别描述了非遗传获取信息的各种形式、所形成的文化对生物进化的影响及文化基因和生物基因的协同作用机制，并呼吁人们在研究生物自然进化的同时，进一步研究文化进化对生物群体进化的影响。实际上，这种协同行为是系统进化的必要条件。协同进化、共同发展、互相适应，是共生关系的本质所在，这种协同进化模式可以使系统更加稳定和协调。

因此，研究在群智能计算中考虑文化进化和种群进化的协同演化机制具有重要意义。第一，它是对各层次进化计算研究的一种新的融合；第二，它可以更好地模拟生物进化过程中的生物学行为和社会学行为，并且文化传播带来的文化多样性将促进种群优化方向多样性的选择，避免陷入局部最优，有利于提高系统全局优化能力。认识现实——生物的、物理的、社会的，甚至文化的复杂性，并建立起简单有效的演化计算模型，已日益成为现代计算智能中最具挑战性的方向之一，其重要意义在于重新融通被传统思维模式所割裂的各门学科知识，为自然及文化描述出更和谐的图景解释。鉴于此，本书主要研究如何将文化进化的思想融入现代计算智能的理论与实践中，探讨如何发掘文化进化机制和自然进化机制在现代计算智能的理论与实践中的和谐统一，并使二者相互渗透、取长补短，以寻求适合大规模并行且具有智能特征的协同进化计算新方法。本书的研究内容主要包括以下几个方面。

（1）基于进化规划的文化算法计算模型研究。

该部分内容提出了一种基于进化规划的文化算法，该算法的主要特征是采用进化规划来对群体空间建模，并根据相应的群体空间，对信仰空间在进化过程中如何提取、存储和更新各种知识源进行了详细的分析和设计，并将所得到的新知识用于指导群体的进化过程。在此基础上，对标准的进化规划做了进一步的改进，当采用锦标赛选择机制时，对有相同数目的得分数的最优个体，应计算个体的偏移量，具有更大的转移因子的个体可优先被选中，这可以保持种群的多样性和分布的广泛性，最后研究了该算法在解决复杂约束优化问题中的应用。

（2）文化粒子群优化算法模型研究。

该部分内容提出一种协同进化计算模型——文化粒子群优化算法模型。该算法模型将粒子群优化算法纳入文化算法框架，组成基于粒子群优化算法的群体空间和信仰空间，这两个空间具有各自群体，并独立并行演化。本书根据粒子群优化算法的特点，将信仰空间分为四种知识源，并详细分析和设计了不同的影响因子用来动态调节各种知识源在进化过程中所起的作用。对于群体空间，分别提出了3种改进算法，即差分粒子群优化算法、自适应变异的差分粒子群优化算法和自适应柯西变异粒子群优化算法，分别用于解决连续空间无约束优化问题、约束优化问题和高维无约束优化问题。实验结果表明：充分设计和利用好信仰空间的各种知识源，对于提高算法的优化性能与搜索效率有着重要的意义。

（3）文化蚁群优化算法模型研究。

该部分内容研究了蚁群优化算法的特点，提出一种新的高效文化蚁群优化算法模型，该计算模型包含基于蚁群系统的群体空间和基于当前最优解的信仰空间，群体空间定期将最优解贡献给信仰空间，信仰空间依概率进行 2-opt 交换操作，对最优解进行变异优化，经进化后的解个体用来对群体空间全局信息素进行更新，帮助指导群体空间的进化过程，这样能提高种群多样性，并有效克服早熟收敛现象，使得搜索效率和搜索能力得到进一步提高。针对典型的 TSP 问题进行了对比实验，验证了所提出的算法在速度和精度方面优于传统的蚁群系统。

（4）文化免疫量子进化算法及收敛性研究。

将免疫算子的概念结合量子进化算法，提出一种改进的免疫量子进化算法，并将其纳入文化算法框架。该方法形成了一种新型的双演化、双促进的文化免疫量子进化计算模式，通过将免疫接种算法和量子进化算法进行有机集成，实现了在搜索过程中"勘探"和"开采"之间的平衡。具体而言，信仰空间接纳一定数量来自群体空间的精英个体作为疫苗，并将其作为一个独立的空间，按一定的模式和群体空间并行进化，从而能提高疫苗的多样性，并能避免早熟。所形成的疫苗反过来以一定的强度指导群体空间并行的搜索过程，可以抑制由量子变异操作的盲目性而引起的退化现象，从而使算法的整体性能得到提高。我们不仅能用 Markov 随机过程理论证明了该算法的收敛性，而且能用 0/1 背包问题仿真实验证明了该算法的优越性。

本书可作为计算机科学、控制科学与技术和管理科学等学科相关专业的师生、研究人员及工程技术人员的参考书。由于作者水平有限，本书难免有不足之处，诚望读者批评指正。

在本书的编写过程中，上海工程技术大学游晓明教授等给予了热心的指导和建议，电子工业出版社刘志红老师给予了大力支持，参与研究的肖子雅、于建芳、高文欣等同学做了大量的工作，在此一并表示衷心的感谢。此外，本书的完成得到国家自然科学基金项目（No.61075115，No.61673258），上海市自然科学基金（19ZR1421600），上海工程技术大学学术著作出版专项的资助，这里谨致谢忱。

刘　升

2020 年 8 月

目 录

·第*1*章·

绪　论

心理学家、经济学家和广告巨头早就知道，人类的决策受他人行为的强烈影响。迅速积累的大量证据表明，动物也是如此。个体可以使用那些由具有类似需求的其他个体的行为在无意中产生的线索所产生的信息，其中许多线索提供了关于替代品质量的公共信息。公共信息的使用在分类上是广泛的，并且可以增强适应性。公共信息可以导致文化进化，我们认为这可能会影响生物进化。

——艾蒂安·丹青和吕克–阿兰·吉拉尔杜，《科学》，2004

1.1 智能计算方法概述

在科学研究和工程技术中，许多问题最后都可以归结为求取最优解的问题，即最优化问题，如最优设计问题、最优控制问题等，这都是在众多方案中寻找最优方案，即在满足一定的约束条件下，寻找一组参数值，以使某些最优性度量得到满足，或者使系统的某些性能指标达到最大或最小。最优化问题是一个古老的问题，一直以来，人们对最优化问题进行了探讨和研究。早在 17 世纪，英国的 Newton 和德国的 Leibnitz 发明了蕴含优化内容的微积分，而法国数学家 Cauchy 首次采用最速梯度下降法解决无约束优化问题，后来针对约束优化问题又提出了 Lagrange 乘数法。最优化问题成为一门独立的学科是在 20 世纪 40 年代末，在 1947 年，Dantzig 提出求解一般线性规划问题的单纯形以后，线性规划、整数规划、非线性规划、动态规划、多目标规划等许多分支理论研究迅速发展，实际应用日益广泛。在计算机应用的推动下，最优化理论与方法在科学研究和工程技术上得到了广泛的应用，成为一门十分活跃的科学。

对于最优化问题而言，目标函数和约束条件种类繁多：有的是线性的，有的是非线性的；有的是连续的，有的是离散的；有的是单峰值的，有的是多峰值的。随着研究的深入，人们逐渐认识到，在很多复杂的最优化问题中要想完全精确地求出最优解，既不可能，也不现实。

传统的优化方法如牛顿法、共轭梯度法、模式搜索法、单纯形法、Rosenbrock 法和 Powell 法等，在面对某些大型问题时，需要遍历整个搜索空间，从而会产生搜索的组合爆炸，无法在多项式时间内完成搜索。如许多工程优化问题，由于其性质十分复杂，常常需要在复杂而庞大的搜索空间中寻找最优解或者准最优解，这样会导致在计算速度、收敛性和初值敏感性等方面都远不能满足要求，工程优化问题的求解表现得非常困难，因此，寻找高效的优化算法成为科学工作者的研究目标之一。

随着生物学中的进化论被广泛地应用于工程技术、人工智能等领域中，形成了一类新的进化计算模型，并在许多实际问题中得到了广泛应用。进化计算是由生物进化规律而演化出来的一种搜索和优化的计算方法，它包括遗传算法、进化策略、进化规划和遗传编程，也被称为广义遗传算法。

遗传算法是在二十世纪六七十年代由美国 Michigan 大学的 J.H.Holland 教授及其学生和同事在研究人工自适应系统中发展起来的一种随机搜索方法，Holland 在 A.S.Fraser 和 H.J.Bremermann 等人研究的基础上提出了位串编码技术。这种编码技术既适用于变异操作，又适用于杂交操作，并且强调将杂交作为主要的遗传操作。随后，Holland 将该算法用于自然和人工系统的自适应行为的研究中，并于 1975 年出版了开创性著作 *Adaptation in Natural and Artificial Systems*。之后，Holland 等人将该算法加以推广，应用到优化及机器学习等问题中，并正式定名为遗传算法（Genetic Algorithm，简称 GA）。遗传算法的通用编码技术和简单有效的遗传操作为其广泛、成功的应用奠定了基础。1971 年，Hollstein 最先尝试将遗传算法应用于函数优化问题，用实验的方式研究了五种不同选择方法和八种交换策略。1975 年，De Jong 在其博士论文中针对各种函数优化问题设计了一系列遗传算法的执行策略和性能评价指标，对遗传算法性能进行了大量的分析。在 Holand 和 De Jong 的研究基础上，1989 年，D.E.Goldberg 对遗传算法进行了系统的阐述，奠定了现代遗传算法的基础。

为了提高遗传算法的性能，克服实际问题中遇到的困难，近年来，在算法设计与执行策略方面有了很大进展。另外，将遗传算法与其他优化算法相结合，利用启发信息或领域有关的知识也是目前改善遗传算法性能的常用手段，如与模拟退火算法、禁忌算法、局部搜索方法等算法的结合。同时，还有大量的改进的遗传算法，如混乱遗传算法、混合遗传算法、分岔遗传算法、统计遗传算法和广义遗传算法等。

遗传算法的理论分析主要集中在算法的收敛性分析、收敛速度的估计和计算效率分析等方面。遗传算法早期的基础理论主要是 Holland 提出的模式定理，以及由此所派生的积木块假设与隐含并行性分析，阐释遗传算法是如何有效地工作，由模式定理、积木块假设和隐含并行性一起构成了遗传算法的模式理论，该理论长期被接受为遗传算法的基本理论。特别注意，模式定理和积木块假设被用来解释算法的搜索机理，而隐含并行性被用来解释遗传算法的有效性。但是在模式理论中，除模式定理外，大多数理论没有得到严格的证明，因此也引起一些有关模式欺骗性的研究。国内徐宗本等人从算子的搜索能力角度详细地讨论了遗传算法的搜索机理，将遗传算法的收敛性分析所用的研究方法和数学工具大致分为四类，即马氏链模型、Vose-Liepins 模型、公里化模型与连续（积分算子）模型。张文修和梁怡对遗传算法的数学基础进行了比较系统的论述，徐宗本、陈志平、章祥荪综述了遗传算法基础理论研究的最新进展。

二十世纪六十年代初，柏林工业大学的 I.Rechenberg 和 H.P.Schwefel 等在进行风洞实验时，由于设计中描述物体形状的参数难以用传统的方法进行优化，他们因此利用生物变异的思想来随机地改变参数值，并取得了较好的结果。随后，他们便对这种方法进行了深入的研究，最终发展成为演化计算的另一个分支——进化策略。进化策略主要用于求解多峰非线性函数的优化问题，随后，学者们根据算法的不同选择操作机制提出了多种进化策略。

进化规划是由美国学者 L.J.Fogel 根据求解预测问题提出来的一种有限状态机模型，基本思想是基于生物界的自然遗传和自然选择的生物进化原则，利用多点迭代算法来代替普通的单点迭代算法，并根据被正确预测的符号数来度量适应值。通过变异，父辈群体中的每个个体产生一个子代，父代和子代中最好的那一半被选择生存。L.J.Fogel 提出的方法与遗传算法有许多共同之处，但是不像遗传算法那样注重父代与子代在遗传细节（基因及其遗传操作）上的联系，而把侧重点放在父代与子代表现行为的联系上。1992 年，D.B.Fogel 基于高斯分布变异，将进化规划扩展到求解实值问题。1999 年，X.Yao 等人利用柯西分布代替进化规划中的高斯分布变异，提出了快速进化规划，更有利于跳出局部最优点，收敛到全局最优点。2002 年，M.Iwamatsu 基于 Lévy-type 分布提出了推广进化规划。理论上，柯西分布和高斯分布是 Lévy-type 分布的两种特殊情况，算法能够更好地收敛到全局最优解。

类似于遗传算法，进化策略和进化规划也是近年来极其热门的研究方向，特别是二十世纪九十年代以来，进化策略和进化规划也逐步被学术界重视，并开始用于解决一些实际问题，大体研究包括如下几方面：（1）有关算法的数学基础，大量的文章对算法的收敛性进行了分析，同时在收敛速度及算法的计算复杂性等方面展开了研究。（2）有关算法与其他技术的比较与融合及算法的改进。

（3）有关算法的并行化实现与相关理论基础的研究。

这几种方法在实现手段上各有特点，但又各不相同，它们所遵循的进化原则是一致的。它们主要是模仿生物学中进化和遗传过程，遵循达尔文"适者生存、优胜劣汰"的竞争原则，从一组随机生成的初始可行解群体出发，借助复制、重组及突变等遗传操作，在搜索过程中自动获取并积累解空间的有关知识，逐步向问题的最优解或者准最优解逼近。因此，作为宏观意义下的仿生算法，它们的本质特征是以群体的方法进行自适应搜索，并且充分利用交叉、变异和选择等运算策略，有效地避免局部最优解，降低求解目标函数性能的限制，减少了人机交互的依赖。正是因为它们所具有的独特优势，所以它们是一类可用于复杂系统优化计算的鲁棒搜索算法，广泛应用于各领域。进化计算因其算法简单，在组合优化问题和复杂的函数优化问题上有很强的计算能力，近年来得到了国际学术界普遍重视。与传统的算法相比，最主要的差别在于进化计算具有智能性和并行性特征，采用进化计算方法求解优化问题有如下优势：（1）基于群体操作，优化结果基本不依赖初值的选取；（2）对搜索空间和被优化函数的性质没有特殊的要求；（3）计算相对简单，易于实现。但进化计算仍有一些有待研究和改进的地方，如其理论不完善（参数的设定、非概率收敛性证明等）。另外，其收敛速度慢、早熟收敛也是待攻克的难题。

近几十年来，随着免疫学的不断发展，人们逐渐对生物免疫机理有了更深刻的认识，免疫系统的众多特性引起了人们的注意，人们开始模仿免疫系统的一些行为特性，并将其应用于其他领域的研究，这些受免疫系统启发而建立的人工系统被称为人工免疫系统（Artificial Immune System，AIS）。于是，把 IA 和 EA 结合起来的免疫进化计算也越来越受到人们的重视。

Mori 等人提出一种模仿免疫系统的优化方法，结合遗传算法来解决多峰值优化问题。其主要思路是将抗原对应于目标函数和约束条件，将抗体对应于搜索空间的解，用抗原和抗体之间的亲和力来对解进行评价和选择。在该算法中，使用了传统遗传算法的交叉和变异算子生成新个体以保持抗体的多样性，当某种抗体的数量大于某个阈值时，产生抗体的细胞将分化为抑制性细胞和记忆细胞。抑制性细胞抑制这种抗体的进一步增加，记忆细胞则将这种抗体对应的解记为局部最优解。该算法已经应用于一个复杂生产过程自适应调度问题的求解。

Tazawa 等人提出了一种将免疫系统原理和遗传算法结合起来的免疫遗传算法（IGA），该算法的核心思想是将总的种群划分为一系列的子群，对每一个子群进行交叉和变异运算，然后根据亲和力选择并调整各子群的大小。该调整机制类似于生物免疫网络的调整机制，将该方法用于 VLSI 电路布线设计问题，结果证明该散法优于遗传算法。

Chun 等人在利用遗传算法试图解决电磁器件的形态优化问题时，为提高算法的整体搜索能力，在借鉴自然免疫形态中的免疫应答机制和细胞个体之间离散度与亲和度等机理的基础上提出了一种新的免疫遗传算法。该算法将抗原作为目标函数，将抗体作为求解结果，将抗原和抗体之间亲和度作为解答的联合强度。

在国内，中国科技大学的刘克胜等人基于免疫学的细胞克隆选择学说和 Jerne 的网络调节理论，设计出一种人工免疫系统模型及算法，并将其应用于自主式移动机器人的行为控制研究，这属于早期国内有关网络模型和应用的研究。华中科技大学的罗攀人根据 Jerne 的免疫网络模型提出了一种面向对象的人工免疫系统模型，并将该模型应用于自主车辆的多传感器信息融合中。

王磊、焦李成等人提出了一系列新的算法——基于免疫机制的进化算法，并且证明了这些算法是收敛的。所提出的算法的核心在于免疫算子的构造，而免疫算子又是通过接种疫苗和免疫选择两个步骤完成的。免疫算子的作用是在解决工程实践中一些难度较大的问题时，将有关先验知识和背景理论与已有的一些智能算法有机地结合起来，以较好地解决原进化算法中出现的退化问题，从而提高了算法的整体性能。

杜海峰等人借助生物免疫学的克隆选择机理，构造了一种抗体修正克隆算子，并形成相应的人工免疫抗体修正克隆算法。相关实验表明，该算法能成功解决类似 0/1 背包问题这样的组合优化问题，而且性能优于相应的进化算法。刘若辰、杜海峰和焦李成则基于细胞克隆选择学说的克隆算子，将其应用于进化策略，并利用柯西变异替代传统进化策略中的高斯变异，提出了改进的进化策略算法——基于柯西变异的免疫单克隆策略算法，并利用 Markov 链的有关性质，证明了该算法的收敛性。理论分析和仿真实验表明，与传统的进化策略算法及免疫克隆算法相比，基于柯西变异的免疫单克隆策略算法不仅有效克服了早熟问题，保持了解的多样性，而且收敛速度比前两者都快。

杨孔雨和王秀峰集成免疫记忆和免疫调节两种机制，通过对免疫进化机制进行深入系统的分析，结合免疫系统的动力学模型，基于免疫细胞在自我进化中的亲和度成熟机理，提出了一种全新的多模态免疫进化算法（MIEA），即通过智能模拟高亲和度抗体的正选择、记忆细胞产生、免疫细胞超变异和抗体相似性抑制等进化机制，最终找出多模态问题的所有最优解，或一个最优解和尽可能多的局部优化解。

庄健和王孙安设计了基于人工免疫网络理论的移动机器人（AMR）的路径规划算法，此算法在仿真实验中显示了高度的智能性，实验表明该算法能够完成系统所要求的任务，并且算法柔性好，能够适应不同规划环境。通过对比实验，还证明了该算法较其他的规划算法具有更好的智能性，并采用马尔可夫链从数学上证明了该算法的收敛性。

浙江大学的罗小平借鉴免疫系统的机理提出了一种免疫遗传算法，该算法包括隔离小生境、免疫重组、免疫变异、免疫网络的浓度控制、免疫代谢、混沌增殖和免疫记忆等算子，并且应用有限状态 Markov 链的理论对算法的全局收敛性进行了证明。该算法结合了免疫网络理论和隔离小生境遗传算法，具有防止早熟的能力。目前，该算法已经成功地应用于冗余机器人的轨迹规划和连续搅拌反应釜的控制。

二十世纪五十年代以来，以生物特性为基础的进化算法的发展及其在最优化领域中的成功应用，进一步激发了研究人员对生物群落行为及生物社会性的研究热情，从而出现了基于群智能（Swarm Intelligence）的优化理论。群智能是一种新兴的进化计算技术，出现于二十世纪九十年代初，它是以生物社会系统（Biology System）为依托的，模拟由简单个体组成的群落与环境及个体之间的互动行为。

目前，群智能理论研究领域有两种主要的算法：蚁群算法和粒子群算法。

蚁群算法是对蚂蚁群落觅食过程的模拟，是由意大利学者 Dorigo 等人于 1991 年提出的，蚁群算法具有分布计算、信息正反馈和启发式搜索的特征，最初用于求解旅行商问题，此后在多种组合优化问题中获得了广泛的成功应用，并已被扩展用于连续时间系统的优化。但蚁群算法在解决连续优化问题方面的优势不强，其最成功的应用还是组合优化问题：一类是静态组合优化问题，其典型代表有 TSP、二次分配 QAP、图着色问题、车间调度问题、车辆路由问题和大规模集成电路设计问题等；另一类是动态组合优化问题，例如通信网络中的路由问题及负载平衡等问题。目前，对多目标蚁群算法的研究还只局限于组合优化问题，理论研究不够深入，同时在如何扩展其应用领域，如何将其应用于函数优化问题，以及如何处理高维优化问题等方面还有待深入。

粒子群优化（PSO）算法是一种随机全局搜索方法，它从鸟群觅食的社会行为中得到启发，于 1995 年由美国社会心理学家 Kennedy 和 Eberhart 博士首次提出，主要用于处理连续空间中的函数优化问题。在粒子群算法中，表示问题潜在解的集合被称为种群，初始种群通常是随机产生的、解空间上的均匀分布，然后种群在解空间中通过模拟鸟群觅食的聚集过程进行迭代搜索。在搜索过程中，所有粒子之间进行全局信息的交换，通过这种信息交换，每个粒子能共享其他粒子当前的搜索结果。由于其基本思想简单直观，容易实现，PSO 算法自提出以来一直受到研究者的关注，并被扩展到广泛的领域，包括多目标优化问题、最小-最大问题、整数规划问题及大量的工程应用问题等。但是，PSO 算法的发展历史尚短，在理论基础与应用推广方面还存在不少问题。譬如，当 PSO 算法应用于复杂函数优化或高维、超高维复杂问题优化时，往往会遇到早熟收敛的问题，也就是种群在还没有找到全局最优点时就已经聚集到一点停滞不动。早熟收敛不能保证算法收敛到全局极小点，这是由于 PSO 算法早期收敛速度较快，但到寻优的后期，其结果改进则不甚理想，即缺乏有效的机制使算法逃离极小点。因而，算法早熟收敛研究也是一个值得研究的问题。

群智能方法具有并行性高、鲁棒性强、扩展性好等优点，而且对问题定义的连续性也无特殊要求，相比于进化算法，群智能方法易于实现，算法流程简单，需要调整的参数少，目前已经成为越来越多研究者关注的焦点，并且在数据分类、数据聚类、模式识别、电信 QoS 管理、生物系统建模、流程规划、信号处理、机器人控制、决策支持及仿真和系统辨识等领域得到了成功应用。

人类在发掘生物进化机制，进行"仿生"研究的同时，也受物理学的启发而萌发了"拟物"探索。二者相互渗透、取长补短，产生了许多成功的理论，模拟退火算法就是由物理学推动发展的动力系统得到生物进化思想完善的产物。量子力学是二十世纪最惊心动魄的发现之一，它为信息科学在二十一世纪的发展提供了新的原理和方法。由于量子硬件实现的难度较大，量子计算机还不能在短期内实现，但是它对人类思维和学习方法所带来的革命性作用及量子计算所特有的性质对经典理论的冲击，都是不可忽略的。我们能否将量子理论运用到经典的算法中，通过对经典的算法做一些调整，使其具有量子理论的优点，从而进行一些类量子的计算来实现更为有效的计算呢？目前还没有证据证明在生物细胞的繁殖过程中，染色体与染色体之间的相互作用存在量子效应，但是，从整个生物界的发展演化看，生物物种存在多样性，其演化存在混沌和并行的特点，这些特点与量子的特征是相似的。这一相似性促使人们尝试将量子理论与进化算法进行结合，以实现更加高效的、以量子计算的形式工作的进化算法。

量子进化算法领域的研究主要集中在两类模型上：一类是基于量子多宇宙特征的多宇宙量子衍生遗传算法（Multiuniverse Quantum Inspired Genetic Algorithm），另一类是基于量子比特和量子态叠加特性的遗传量子算法（Genetic Quantum Algorithm，GQA）。量子多宇宙理论源于对托马斯·杨著名的双缝干涉实验的解释。量子多宇宙理论认为，任何量子系统同时存在于多个并行的宇宙（Universe）中，在不同的宇宙中系统呈不同的运动状态，宇宙之间存在相互影响（相当于量子纠缠），其运动结果也不相同，一旦对它实施测量，它将坍塌到一个宇宙，并得到一个确定解。Ajit Narayanan 和 Mark Moore 将量子多宇宙的概念引入遗传算法，提出了一个量子衍生遗传算法（Quantum Inspired Genetic Algorithms，QIGA），并用它求解 TSP 问题。基于多宇宙概念的量子衍生遗传算法从其算法机理上看属于隔离小生境遗传算法，利用多个种群的并行搜索，增大搜索的范围，利用种群之间的联合交叉实现种群之间信息的交流，将多个种群各自分散的搜索联系起来，以从整体上提高算法搜索的效率。然而，基于量子多宇宙概念的遗传算法基本上还是属于常规遗传算法的范畴，其多个宇宙是通过分别产生多个种群得以实现的，在计算上并没有用到量子计算机的叠加态并行处理，因而距离真正的量子算法还有很大的距离。

K.H. Han 等人提出了一种遗传量子算法，他们将量子的态矢量表达引入遗传编码，利用量子旋转门实现染色体基因的调整，使该算法将来在量子计算机上执行成为可能，给出了一个基因调整策略，并以此策略实现了 0/1 背包问题的求解，且求解的结果要优于传统遗传算法。但该算法主要用来解决 0/1 背包问题，编码方案和量子旋转门的演化策略不具有通用性，尤其是由于所有个体都向一个目标演化，如果没有交叉和变异操作，极有可能陷入局部最优。

中国科技大学的庄镇泉教授和李斌博士在该算法基础上提出了基于量子计算模式的量子遗传算法（Quantum Genetic Algorithm，QGA），并首次提出了量子交叉和量子变异的新概念及其实现方法。通过典型函数优化问题的求解证明了该算法的有效性，并将量子计算的概念和方法应用于数据挖掘，实现了基于量子遗传算法的时间序列频繁结构模式的发掘，取得了良好的实验结果。杨俊安博士和庄镇泉教授又提出了一系列改进的量子遗传算法（Novel Quantum Genetic Algorithm，NQGA），并应用于盲源分离，效果显著。西安电子科技大学智能信息处理研究所的杨淑媛和焦李成教授提出了一种新的理论框架——量子进化理论及其学习算法，他们不仅在理论上证明了这一理论框架的全局收敛性，而且用仿真计算也证实了此算法的优越性。

李映博士和焦李成教授将之前提出的免疫思想引入到量子进化算法中，提出了一种新型的进化算法——免疫量子进化算法（Immune Quantum Evolutionary Algorithm，IQEA）。免疫量子进化算法在保留原量子进化算法优良特性的前提下，力图有选择、有目的地利用待求问题中的一些特征信息或先验知识，抑制或避免求解过程中的一些重复或无效的工作，以提高算法的整体性能。

游晓明博士结合免疫系统的动力学模型及免疫细胞在自我进化中的克隆选择和亲和度成熟机理，提出了一种基于免疫算子的量子进化算法（MQEA），通过抗体的克隆选择、记忆细胞产生、免疫细胞自适应交叉变异、抗体的促进与抑制和抗体相似性抑制等进化机制，最终可找出最优解。不仅用 Markov 随机过程理论证明了该进化算法的收敛性，而且用仿真实验证明了该进化算法的优越性。随后在此基础上提出了多宇宙并行免疫量子进化算法（MPMQEA），MPMQEA 采用多宇宙并行结构，不同的宇宙向着各自的目标演化，宇宙之间采用基于学习的移民和模拟量子纠缠的交互策略交换信息，具有比 MQEA 更快的收敛速度。

1.2　文化进化和自然进化的协同

目前，智能计算的许多研究还只是集中在生物（或者说是基因）自然选择（竞争）这一层面上，它们都是模拟生物在自然环境中遗传和进化的原理而形成的。

许多情况表明，文化能使种群以一定的速度进化和适应环境，而这个速度是超越了单纯依靠遗传生物进化速度的。种群在进化过程中，个体知识的积累及群体内部知识的交流在另外一个层面促进群体的进化，这种知识在此被称为文化。

"文化是社会科学中极为重要而又最为复杂的概念之一。"美国人类学家克罗伯和克拉克洪把 1871 年至 1951 年之间的 160 多种文化的定义分为描述性的、历史的、规范性的、心理性的、结构性的和遗传性的 6 类，并给出了产生了广泛影响的定义："文化由明确的或含蓄的行为模式和有关行为的模式构成。它通过符号来获取和传递。它涵盖了该人群独特的成就，包括其在器物上的体现。文化的核心由传统（即历史上获得的并经选择传下来的）思想，特别是其中所附的价值观构成的。文化系统一方面是行为的产物，另一方面又是下一步行动的制约条件。"

文化人类学家格尔兹指出，文化本身是由某种知识、规范、行为准则、价值观等人们精神或观念中的存在所构成的，但实际上它们并不是存在于人的头脑之中的一种个人知识和感悟，而是社会成员所共有的意会和默契。文化作为一种社会互动，围绕其发生的有序的意义系统和符号系统是人们用来总结其经验，并指导其行动的，而社会制度作为社会互动的模式本身是行动所采取的形式。

文化人类学家辛格尔也认为，文化模式在社会结构中固化为制度化和标准的行为和思维模式，从而这些规范的形式在社会成员趋于遵从的隐性或显性规则上被社会所认可。换言之，由个人的习惯、群体的习俗、工商和社会惯例及法律和其他各种规则所构成的综合体的制度是文化在社会实存的体系结构上的体现；而一个社会的文化体系是历史传统背景下的各种制度在人们交流中所形成的综合体的制度。

文化因素可以限制或引导某些认知结果的发展已是不争的事实，正如格尔兹所言，"自从有'人'和人类社会以来，每个人都生活在一定的颇似一种'无缝之网'（Seamless Web）的文化模式中"，并且借助这种无缝之网中的共知和共享的标识符号系统进行交往、交流和社会博弈，因此，每个人的行为自然常在无意识或下意识中受这个无缝之网中"有序排列的意义符号及符号所承载着的意义乃至集体意会所指导、所规制"。这也就是说，在每个人的现实行为背后，都有一种潜在的、难能言说的，但被大家所共享的观念性的知识或意义在起作用。从这里我们也可以体悟出，没有存在于文化之外的人，更没有独立于文化之外的人性。

因此，人类的进化越来越浓重地带有文化的色彩，并日益集中反映在文化的进化上。杜布赞斯基说得好："从某种意义上说，在人类进化进程中，人类基因的首要作用已经让位于一种全新的、非生物或超机体的力量——文化了，但是，也不要忘记，这一力量完全依赖于人类的基因型。"

从进化机制上看，生物群体进化是指群体内部的自我发展与进化，是生物进化与文化进化的综合结果，作为两个相对独立的进化系统，生物进化偏向于一种特征，而文化进化偏向于一种倾向。它们形成的特征和倾向是相互影响的，它们之间存在着协同行为，图 1.1 所示描述了非遗传获取信息的形式及所形成的文化对生物进化的影响，图 1.2 所示为文化基因和生物基因的协同作用机制。实际上，这种协同行为是系统进化的必要条件。协同进化理论认为，生物之间既相互竞争、制约，又相互协同、受益。通过生存竞争，它们各自获取资源，求得自身的生存和发展；又通过协同作用，它们共同生存，节约资源，求得在一定时空条件下相互之间的生存平衡和持续发展。

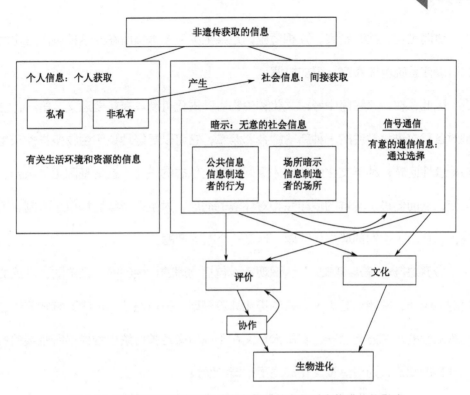

图 1.1　非遗传获取信息的形式及所形成的文化对生物进化的影响

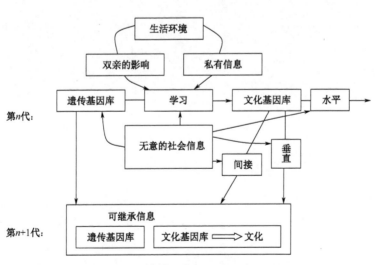

图 1.2　文化基因和生物基因的协同作用机制

协同进化、共同发展、互相适应，是共生关系的本质所在。这种协同进化模式可以使系统更加稳定，更加协调。

因此，在计算智能中考虑文化和生物协同进化机制具有重要意义。第一，它是对各层次进化学说的一种新的综合。第二，它可以更好地说明生物多样性和生态持续性问题；种群文化能使群体更好地适应生态的进化，这使基因更加杂合、可变，从而促进了种群的多样性和对环境的适应，为生态持续性提供了机制。第三，它提出了生物种群文化问题，这是一个新的课题。

"万物并作，吾以观复。"认识现实，包括物理的、生物的、经济的，甚或文化的复杂性，并建立起简单有效的进化计算模型，已日益成为现代计算智能中最具挑战性的研究方向之一，其重大意义在于重新融通被传统思维模式所割裂的各门学科的知识，为自然及文化描述更和谐的图景。

第 2 章

理论背景知识

本章重点介绍了优化问题的概念、分类，优化方法的研究背景、历史进程、发展现状及存在的主要问题，综述了本书中用到的智能优化算法的理论基础、研究和应用概况，为后续章节提供一定的理论基础。

2.1 优化研究基础

优化是科学研究、工程技术和经济管理等领域的重要研究工具。它所研究的问题是讨论在众多的方案中寻找最优方案。例如，工程设计中怎样选择设计参数，使设计方案既满足设计要求，又能降低成本；资源分配时怎样分配有限资源，使分配方案既能满足各方面的基本要求，又能获得好的经济效益。在人类活动的各个领域中，诸如此类，不胜枚举。最优化理论和技术是为很多问题的解决提供理论基础和求解方法，它是一门应用广泛、实用性很强的科学。

随着科学技术，尤其是计算机技术的不断发展，以及随着数学理论与方法向各门学科和各个应用领域更广泛、更深入的渗透，最优化理论和技术必将在二十一世纪的信息社会中起越来越重要的作用。为解决最优化问题，人们提出过许多技术和方法，但工业和科学领域大量实际问题的困难程度正在日益增长，这些问题大多是无法在可接受的时间内找到解的问题。鉴于这类优化问题的复杂性、约束性、非线性、多极小和建模困难等特点，寻求一种适合于大规模并行且具有智能特征的优化算法已成为相关学科的一个主要研究目标和方向。

最优化问题涉及的应用领域很广，问题种类与性质繁多。归纳起来，可分为函数优化问题和组合优化问题两大类，其中，函数优化的对象是一定区间内的连续变量，而组合优化的对象则是解空间中的离散状态。

2.1.1 函数优化

对许多实际问题进行数学建模后，可将其抽象为一个数值函数的优化问题。由于问题的种类繁多，影响因素复杂，这些数学函数会呈现出多种数学特征。如有些函数是连续的，而有些函数是离散的；有些函数是凸函数，而有些函数不是凸函数；有些函数是单峰值的，而有些函数却是多峰值的。而实际中遇到的函数是这些不同数学特征的组合。因此，寻找高效、通用的函数优化方法是值得研究的问题。

一般函数优化问题可以描述为：

$$\min_{x \in D} f(x) \qquad\qquad (2\text{-}1)$$

其中，$D \subseteq R^n$ 称为搜索空间，$f: D \to R$ 称为目标函数。通常，$x = (x_1, x_2, \cdots, x_n) \in R^n$，$x \in [x_i^l, x_i^u], i = 1, 2, \cdots, n$。

定义 2.1　对于函数优化问题，参见式（2-1），设 $x^* \in D$，若 $\forall x \in D$，有

$$f(x^*) \leqslant f(x) \tag{2-2}$$

则称 x^* 为该问题的一个全局最优解。

定义 2.2　对于函数优化问题，参见式（2-1），设 $x^* \in D$，若存在 x^* 的邻域 $N_\varepsilon(x^*) = \left\{ x \,\middle\|\, \|x - x^*\| < \varepsilon, \varepsilon > 0 \right\}$，使得当 $x \in D \bigcap N_\varepsilon(x^*)$ 时，有

$$f(x^*) \leqslant f(x) \tag{2-3}$$

则称 x^* 为该问题的一个局部最优解。

鉴于许多实际问题存在约束条件，受约束函数的优化问题也一直是优化领域关注的主要对象。由于约束条件增加了寻优难度，所以，许多场合将受约束问题转化为无约束问题来处理，常用的途径有：

$$\begin{cases} \min f(x) \\ g(x) \geqslant 0 \\ h(x) = 0 \\ x \in D \end{cases}$$

（1）把问题的约束在状态的表达形式中体现出来，并设计专门的算子，使状态所表示的解在搜索过程中始终保持可行性。这种方法最直接，但适用领域有限，算子的设计也比较困难。

（2）在编码过程中不考虑约束，而在搜索过程中通过检验解的可行性来决定对解的弃用。这种方法一般只适用于简单的约束问题。

（3）采用惩罚的方法来处理约束越界问题。这种方法比较通用，适当选择惩

罚函数的形式可得到较好的结果。比如采用罚函数，可描述为：

$$\begin{cases} \min f(x) + \lambda h^2(x) + \beta[\min\{0, g(x)\}]^2 \\ x \in D \end{cases}$$（2-4）

传统的优化方法一般要求目标函数连续、可微，根据目标函数的局部展开性质确定下一步的搜索方向，缺乏简单性和通用性。在问题规模比较大时，需要的搜索时间及空间也急剧扩大。近年来，进化计算等基于自然法则的随机搜索算法，在优化领域取得的成功引起了人们的普遍关注，其原因在于它们摆脱了对函数导数的依赖性，具有自适应、全局寻优及内在并行的特点。

2.1.2 组合优化

组合优化是指在离散的、有限的数学结构上，寻找满足给定约束条件且目标函数值最大或最小的解。在管理科学、分子生物学及图像处理、VLSI 设计等领域中，存在着大量组合优化问题，典型的组合优化问题有旅行商问题（Traveling Salesman Problem，TSP），许多具体问题可以归结为该问题，而且它已经成为评测算法效率的标杆问题；0/1 背包问题（Knapsack Problem）是另一个组合优化问题；而将 0/1 背包问题与 TSP 问题组合起来则是一个更复杂的组合优化问题：VRP（Vehicle Routing Problem）。除此之外，还有加工调度问题（Scheduling Problem，如 Flow-shop, Job-shop）、装箱问题（Bin Packing Problem）、图着色问题（Graph Coloring Problem）和聚类问题（Clustering Problem）等，这些问题至今没有找到有效的多项式时间算法。

组合优化问题一般可以描述为：

$$\min_{i \in D} f(i)$$

$$s.t.\, g(i) \geqslant 0 \qquad\qquad (2\text{-}5)$$

其中，$f(i)$ 为目标函数，$g(i)$ 为约束函数，i 为决策变量，D 一般为有限集或可数无限集。集合 $F = \{i | i \in D, g(i) \geqslant 0\}$ 称为可行域。

定义 2.3　对于组合优化问题，见式（2-5），D 上的一个映射

$$N : S \in D \to N(S) \in \rho(D) \qquad\qquad (2\text{-}6)$$

称为一个领域映射，其中，$\rho(D)$ 表示 D 的所有子集组成的集合，$N(S)$ 称为 S 的领域。

定义 2.4　若 $i^* \in F$ 满足

$$f(i^*) \leqslant f(i) \qquad\qquad (2\text{-}7)$$

则称 i^* 为该问题的一个全局最优解。

定义 2.5　若 $i^* \in F$ 满足 $\forall i \in N(i^*) \bigcap F$，且

$$f(i^*) \leqslant f(i) \qquad\qquad (2\text{-}8)$$

则称 i^* 为该问题的一个局部最优解。

大规模的组合优化问题是 NP-hard 问题，采用传统优化方法难以取得满意解，其中主要原因之一就是所谓的组合爆炸。例如，聚类问题的可能划分方式有 $k^n / k!$ 个，Job-shop 的可能排列方式有 $(n!)^m$ 个，基于置换排列描述的 n 城市 TSP 问题有 $n!$ 种可行排列，即便对无方向性和循环性的平面问题仍有 $(n-1)!/2$ 种不同排列，显然，状态数量随问题规模增长呈超指数增长。若计算机每秒能处理 1 亿种排列，则穷举 20 个城市问题的 20! 种排列约需几百年，如此巨大的计算量是人们无法

承受的，更不用谈更大规模问题的求解。因此，解决这些问题的关键在于寻求有效的优化算法，也正是这些问题的代表性和复杂性激起了人们使用智能算法对组合优化理论进行研究的热情。虽然一种算法能不能找到优化解很重要，但花费多少时间、消耗多少资源、能得到何种准确程度的优化解，也是算法面临的更实际的问题。因此，针对组合优化，人们也构造了大量测试算法的 Benchmark 寻优问题，来测试算法的效率、精度等性能。

2.2　进化算法

作为复杂性研究的方法，自然现象本身又是我们解决各种问题时获取灵感的源泉，在复杂优化问题中也是如此。近十余年来，遗传算法（Genetic Algorithm，GA）、进化策略（Evolutionary strategy，ES）、进化规划（Evolutionary Programming，EP）等进化类算法在理论和应用两方面发展迅速，并且效果显著，逐渐融合形成了一种新颖的模拟进化的计算理论，统称为进化计算（Evolutionary Compulation，EC）。进化计算的具体实现方法与形式被称为进化算法（Evolutionary Algontbm，EA）。进化算法是一种受生物进化论和遗传学等理论启发而形成的求解优化问题的随机算法，虽然出现了多个具有代表性的重要分支，但它们各自代表了进化计算的不同侧面，各具特点。

2.2.1 遗传算法

遗传算法（Genetic Algorithm，GA）是由 J.Holland 于 1975 年受生物进化论的启发而提出的。GA 是基于"适者生存"的一种高度并行、随机和自适应的优化算法，它将问题的求解表示成染色体的适者生存过程，通过染色体群一代代的不断进化，包括复制、交叉和变异等操作，最终收敛到最适应环境的个体，从而求得问题的最优解或满意解。GA 是一种通用的优化算法，其编码技术和遗传比较简单，优化不受限制性条件的约束，而其中两个最显著特点则是隐含并行性和全局解空间搜索。

遗传算法是一类随机优化算法，但它不是简单的随机比较搜索，而是通过染色体的评价和对染色体中基因的作用，有效地利用已有信息来指导搜索，有希望改善优化质量的状态。标准遗传算法的优化框图如图 2.1 所示。

算法的主要步骤可描述为如下几步。

（1）随机产生一组初始个体构成初始种群，并评价每一个体的适配值（Fitness Value，也称为适应度）。

（2）判断算法收敛准则是否满足。若满足，则输出搜索结果，否则执行以下步骤。

（3）根据适配值大小以一定方式执行复制操作。

（4）按交叉概率 P_c 执行交叉操作。

（5）按变异概率 P_m 执行变异操作。

（6）返回步骤（2）。

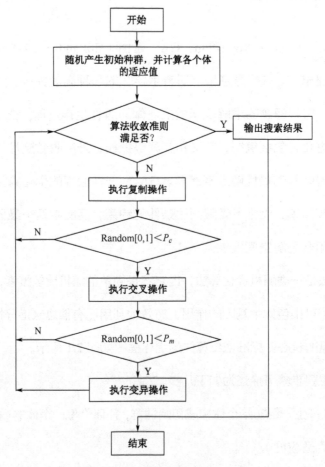

图 2.1　标准遗传算法的优化框图

上述算法中，适应度是对染色体（个体）进行评价的一种指标，是 GA 进行优化所用的主要信息，它与个体的目标值存在一种对应关系。复制操作通常采用比例复制，即复制概率正比于个体的适应度，如此意味着适应度高的个体在下一代中复制自身的概率大，从而提高了种群的平均适应度；交叉操作通过交换两父代个体的部分信息构成后代个体，使后代可以继承父代的有效模式，从而有助于产生优良个体；变异操作通过随机改变个体中某些基因而产生新个体，有助于增加种群的多样性，避免早熟收敛。

有关遗传算法的研究成果已相当丰富，包括编码方案、遗传算子的设计及操作概率的自适应性控制策略等。各种各样的改进算法层出不穷，其应用范围几乎涉及优化问题的所有领域，有关遗传算法方面的专著国内外也已有很多。

2.2.2 进化策略

进化策略是由德国数学家 I.Rechenberg 和 H.P.Schwefel 等人于二十世纪六十年代提出的一类数值优化算法。进化策略缘于生物进化中的自然突变和自然选择思想，强调的是个体层次上的改变。Rechenberg 提出的原始进化策略，（1+1）策略，它采用的是一种简单的变异选择机制，即每一代通过高斯分布变异算子作用在一个个体上产生一个子代。由于（1+1）策略难以收敛到最优解，且搜索效率相对较低，因此其改进的方法就是增加种群内个体的数量，即（ μ +1）进化策略。此时种群内含有 μ 个个体，随机抽取一个个体进行变异，然后取代群体中最差的个体。为了进一步提高搜索效率，H.P.Schwefel 随后推广了 Rechenberg 的原始进化策略，建立了所谓（ μ + λ ）和（ μ , λ ）进化策略，其中， μ 表示当前种群的规模， λ 表示由当前种群通过杂交和变异而产生的中间种群的规模。（ μ + λ ）是从两个种群的并集中选择 μ 个最好的个体作为下一代种群，而（ μ , λ ）是从包含 λ 个个体的中间种群中选择 μ （ $1 \leqslant \mu \leqslant \lambda$ ）个最好的个体作为下一代种群，

（$\mu + \lambda$）和（μ, λ）这两种方式在进化策略中均占据着重要地位。

2.2.3　进化规划

进化规划方法最初是由美国科学家 L.J. Fogel 等人在二十世纪六十年代提出的。它在求解连续参数优化问题时与进化策略的区别很小，进化规划仅使用变异与选择算子，而绝对不使用任何重组算子。其变异算子与进化策略的变异类似，也是对父代个体采用基于正态分布的操作进行变异，生成相同数量的子代个体，即 μ 个父代个体总共产生 μ 个子代个体。进化规划采用一种随机竞争选择方法，从父代和子代的并集中选择出 μ 个个体构成下一代群体。其选择过程为：对于由父代个体和子代个体组成的大小为 2μ 的临时群体中的每一个个体，从其他（$2\mu - 1$）个个体中随机等概率地选取出 q 个个体与其进行比较。在每次比较中，若该个体的适应值不小于与之比较的个体的适应值，则称该个体获得一次胜利。从 2μ 个个体中选择获胜次数最多的 μ 个个体作为下一代群体。

2.2.4　遗传算法、进化规划和进化策略之间的异同点

以遗传算法为代表的三种进化算法在本质上是相同的，但它们又有区别。其中，进化策略与遗体算法相比，主要不同之处在于遗传算法是将原问题的解空间映射到位串空间上，然后再进行遗传操作，它强调的是个体基因结构的变化对其适应度的影响；而进化策略则是直接在解空间上进行遗传操作，它强调的是父代到子代行为的自适应性和多样性。

进化规划与遗传算法的区别主要表现在以下三个方面。

（1）在对待求问题的表示方面，进化规划因为其变异操作不依赖于线性编码，所以可以根据待求问题的具体情况而采取一种较为灵活的组织方式；典型的遗传算法则通常要把问题的解编码成为一串表达符号，即基因组的形式。前者的这种特点有些类似于神经网络对问题的表达方法。

（2）在后代个体的产生方面，进化规划侧重于群体中个体行为的变化。与遗传算法所不同的是，进化规划没有利用个体之间的信息交换，所以也就省去了交叉和插入算子，而只保留了变异操作。因此，在不考虑搜索效率的前提下，在应用方面，进化规划更易于掌握，也更便于实现。

（3）在竞争与选择方面，进化规划允许父代与子代一起参与竞争，正因为如此，进化规划可以保证以概率 1 收敛的全局最优解；而典型遗传算法若不强制保留父代最佳解，则算法是不收敛的。

进化规划与进化策略的区别主要体现在以下两个方面。

（1）在编码结构方面，进化规划是将种群类比为编码结构，而进化策略则是把个体类比为编码结构。所以，前者无须再通过选择操作来产生新的候选解，而后者还要进行这一操作。

（2）在竞争与选择方面，进化规划需要通过适当的选择机制，从父代和当前子代中选取优胜者组成下一代群体；而进化策略则是通过一种确定性选择，根据适应值的大小，直接将当前优秀个体和父代最佳个体保留到下一代中。

2.3 群体智能

二十世纪五十年代中期出现了仿生学，人们从生物进化机理中受到启发，提出许多用于解决复杂优化问题的新方法，如遗传算法、进化规划和进化策略等。这些以生物特性为基础的进化算法的发展，以及对生物群落行为的发现，引导研究人员进一步开展了对生物社会性的研究，从而出现了基于群智能理论的优化算法，目前，群智能理论研究领域有两种主要的算法，即粒子群优化算法（Particle Swarm Optimization，PSO）和蚁群算法（Ant Colony Optimization，ACO）。粒子群算法起源于对简单社会系统的模拟，最初是模拟鸟群飞行的过程，主要用于处理连续空间中的函数优化问题；蚁群算法是对蚂蚁群落觅食过程的模拟，已成功应用于许多离散优化问题的研究。

2.3.1 粒子群优化算法

借助于生物觅食运动的启迪，Kennedy 和 Eberhart 于 1995 年提出了基于群体优化技术的粒子群优化算法（PSO 算法）。PSO 算法是智能优化算法领域中的一个新的分支，其来源于对鸟群和鱼群群体运动行为的研究，即一群鸟在随机搜寻食物，如果这个区域里只有一块食物，那么找到食物的最简单有效的策略就是搜寻目前离食物最近的鸟的周围区域。PSO 算法就是从这个模型中得到启发而产生的，并用于解决连续空间中的函数优化问题。它与基于达尔文"适者生存，优胜劣汰"进化思想的遗传算法不同的是，粒子群优化算法是通过个体之间的协作来寻找最优解的。生物社会学家 E.O.Wilson 关于生物群体有一段话，"至少在理论上，一个生物群体中的任何一员可以从这个群体中其他成员以往在寻找食物过程中积累的经验和发现中获得好处。只要食物源分布于不同地方，这种协作带来的优势就可能变成决定性的，超过群体中个体之间对食物竞争所带来的劣势"，这段话的意思是说生物群体中信息共享会产生进化优势，这也正是粒子群优化算法的基本思想。

在粒子群算法中，问题的解对应于搜索空间中鸟的位置，这些鸟被称为粒子。每个粒子都有自己的位置和速度（决定飞行的方向和距离），粒子在飞行过程中，参照自身的最优飞行经验和整个群体的最优经验来不断更新自己的飞行状态（速度和位置），从而来完成寻优的任务。

假设在一个 n 维的搜索空间中，有 m 个粒子组成一个群落，其中第 i 个粒子的位置向量表示为 $X_i=(x_{i1},x_{i2},\cdots,x_{in})(i=1,2,\cdots,m)$，飞行速度表示为 $V_i=(v_{i1},v_{i2},\cdots,v_{in})(i=1,2,\cdots,m)$。粒子 i 迄今为止搜索到的最优位置为 $P_{besti}=(p_{i1},p_{i2},\cdots,p_{in})(i=1,2,\cdots,m)$，整个粒子群迄今为止搜索到的最优位置为 $P_{bestg}=(p_{g1},p_{g2},\cdots,p_{gn})(i=1,2,\cdots,m)$，粒子 i 的飞行状态可根据以下公式进行更新：

$$V_{id} = \omega * V_{id} + \eta_1 * r_1() * (P_{id} - X_{id}) + \eta_2 * r_2() * (P_{gd} - X_{id}) \qquad （2-9）$$

$$X_{id} = X_{id} + V_{id} \qquad （2-10）$$

式中，η_1 和 η_2 称为加速系数（或称学习因子），使粒子向自身最优和群体最优的方向飞行。$r_1()$，$r_2()$是[0,1]之间的随机数。此外，粒子的速度 V_i 受到最大速度 V_{max} 的限制。如果当前对粒子的加速将导致它在某维的速度 V_{id} 超过该维的最大速度 V_{maxd}，则其在该维的速度被限制为该维的最大速度。

ω 为非负数，称为惯性因子（Inertia weight），用于平衡全局搜索能力和局部搜索能力。在最初的基本 PSO 算法中，没有惯性因子 ω，V_{max} 对算法性能的影响非常大，与优化问题相关性非常强，且不存在经验值，不合适的 V_{max} 将导致系统发散。

Shi 和 Eberhart 于 1998 年提出了惯性因子 ω 的概念，通过惯性因子 ω 可以很好地控制粒子的搜索范围，大大削弱了 V_{max} 的重要性。显然，较大的 ω 适于对解空间进行大范围探查，而较小的 ω 适于进行小范围开掘。他们随后又提出了自适应 PSO 算法、模糊自适应 PSO，前者 ω 由 0.9 到 0.4 逐步递减，粒子进行广泛搜索，逐步求精；后者则提出了 9 条模糊规则，根据 G_{best} 适应度的变化和当前 ω 值对惯性因子做适当调整。

式（2-9）中的第一部分为微粒先前的速度乘一个权值进行加速，表示微粒对当前自身运动状态的信任，依据自身的速度进行惯性运动；第二部分为认知部分，表示粒子自身的思考；第三部分为社会部分，表示粒子间的信息共享与相互合作。

基本 PSO 的流程可以描述为以下内容。

（1）设置参数，初始化搜索点的位置及其速度值，通常是在允许的范围内随机产生的，每个粒子的 P_{best} 坐标设置为其当前位置，且计算出相应的个体极值（即个体极值点的适应度值），而全局极值（即全局极值点的适应度值）就是个体极值中最好的，记录该最好值的粒子序号，并将 G_{best} 设置为最好粒子的当前位置。

（2）判断是否满足算法收敛准则。若满足，则输出优化结果，否则重复下述操作。

1）对粒子群中的每个粒子，重复下述操作：

对每个粒子，用式（2-9）和式（2-10）对每个粒子的速度和位置进行更新；

2）对粒子群中的每个粒子，重复下述操作：

对每个粒子，计算粒子的适应度值，如果该值好于该粒子当前的个体极值，则将 P_{best} 设置为该粒子的位置，且更新个体极值。如果某个粒子的个体极值中最好的值好于当前的全局极值，则将 G_{best} 设置为该粒子的位置，记录该粒子的序号，且更新全局极值。

粒子群算法的基本框架如图 2.2 所示。

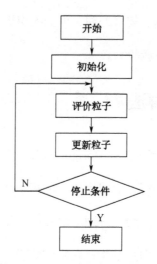

图 2.2　粒子群算法的基本框架

粒子群优化算法与 GA 算法有些相似，如它们都是基于群体的优化技术，有较强的并行性；无须梯度信息，只需利用目标的取值信息，具有很强的通用性。但是，PSO 算法比 GA 算法更简单，操作更方便。因而，PSO 算法从诞生起一直受到数值优化领域的广泛关注，吸引了大量研究者。为改善 PSO 算法的收敛性和总体性能，该领域的研究者开发了很多变形算法。其中，如何加快算法的收敛速度和避免早熟收敛问题一直是大多数研究者研究的重点，也是所有随机搜索算法研究者共同面临的两个主要难题。这两个问题之间就存在很复杂的关系，在很多情况下是互相冲突的。在避免早熟收敛方面，现有的大量研究涉及如何让算法跳出局部最优点；在加快收敛速度方面，主要的研究集中在如何选择最优的算法参数，以及从其他智能优化算法中借鉴一些思想对 PSO 算法的主要框架加以修正上。从可得的文献中，看到一些研究者给出了非常鼓舞人心的改善结果。目前，除了理论研究之外，PSO 算法已被成功应用于系统设计、多目标优化、分类、模式识别、系统建模、调度、计划、信号处理、机器人应用、决策支持、仿真和识别等领域，其优化结果非常具有竞争力。

2.3.2　蚁群优化算法

蚁群优化算法是由意大利学者 Dorigo 等人于二十世纪九十年代初期通过模拟自然界中蚂蚁集体寻径的行为而提出的一种基于种群的启发式仿生进化系统，蚁群优化算法包含两个基本阶段——适应阶段和协作阶段。在适应阶段，各候选解根据积累的信息不断调整自身结构；在协作阶段，候选解之间通过信息交流，以期望获得性能更好的解，这类似于学习自动机的学习机制。蚁群优化算法最早成功应用于解决著名的旅行商问题，该算法采用了分布式正反馈并行计算机制，易于与其他方法结合，而且具有较强的鲁棒性。

Dorigo 指出：蚁群中的蚂蚁以外激素为媒介的、间接的、异步的联系方式是蚁群算法最大的特点。蚂蚁在行动（寻找食物或者寻找回巢的路径）中，会在它们经过的地方留下一些挥发性的化学物质，这些化学物质被称为外激素或信息素。这些物质能够被蚁群中其他的蚂蚁感受到，并作为一种信号来影响后到者的行为。蚂蚁在行进时会根据前边的蚂蚁所留下的信息素的浓度来选择其要走的路径，路径上信息素的浓度越大，蚂蚁选择该路径的概率越大。后到者留下的信息素会对路径上原有的信息素进行加强。这样，经过蚂蚁越多的路径，后到的蚂蚁选择该路径的概率也越大。因此，对越短的路径，由于在一定时间内走过的蚂蚁越多，其信息素的浓度越大。蚂蚁个体就是通过这样的信息交流来达到寻找食物的目的。

Dorigo 对蚁群算法的论述为：在图 2.3（a）中，设 A 为巢穴，E 为食物源，H、C 为一障碍物。蚂蚁要由 A 到达 E 或由 E 返回 A，必须要经过 H 或 C 来绕开障碍物。各条路径上的长度如图 2.3（a）所示。

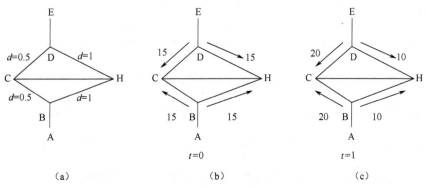

（a）　　　　　（b）　　　　　（c）

图 2.3　蚁群算法原理

设每个时间单位有 30 只蚂蚁由 A 达到 B，有 30 只蚂蚁由 E 到达 D。每只蚂蚁过后留下的信息素的量为 1，信息素停留的时间也为 1。在初始时刻，由于路径 BC、BH、DC 和 DH 上均无信息素存在，因此，位于 B 点和 D 点的蚂蚁可以随机选择路径。从统计的角度可以认为它们以相同的概率选择 BH、BC、DH 和 DC，如图 2.3（b）所示。经过一个时间单位后，由于 BCD 路径的长度是 BHD 路径的一半，因此，选择 BCD 路径的蚂蚁已经由 B 点到达 D 点，或由 D 点到达 B 点，而选择 BHD 路径的蚂蚁只能到达 H 点，BCD 路径的信息素浓度是 BHD 路径的二倍。在下一个时刻，将有 20 只蚂蚁选择 BCD 路径，有 10 只蚂蚁选择 BHD 路径，如图 2.3（c）所示。随着时间的推移，将有越来越多的蚂蚁选择 BCD 路径，从而找到由蚁穴到食物源的最短路径。由此可见，蚂蚁个体之间的信息交换是一个正反馈过程。

通过上例可知，蚂蚁觅食协作方式的本质是：（1）信息素踪迹越浓的路径，被选中的概率越大，即路径概率选择机制；（2）路径越短，在上面的信息素踪迹增长得越快，即信息素更新机制。蚂蚁之间通过信息素进行通信，即协同工作机制。

作为分布智能体的蚂蚁，除了能根据信息素轨迹的指引进行寻优外，还能充分利用基于问题的启发式信息。另外，蚁群优化算法还有两个重要的机制，信息素挥发（Pheromone Trail Evaporation）和后台行为（Daemon Actions）。遗忘（Forgetting）是一种高级的智能行为，作为遗忘的一种形式，路径上的信息素随着时间不断变化，将驱使蚂蚁探索解空间中新的领域，从而避免求解过程过早地收敛于局部最优解。后台行为包括邻域（局部）搜索（Local Search）过程及问题全局信息的收集。蚁群优化是一种基于种群的构造型自然启发式优化方法，这种构造性（Constructive）方法如果与改进型（Improvement）迭代方法，如邻域搜索、禁忌搜索等相结合，能得到更好的优化结果。此外，通过在解构造过程中动态收集基于问题本身的启发式信息，将引导蚁群在高质量的问题空间中进行精细的搜索，从而获得更好的解。

算法的主要步骤可描述如下。

1）设置参数，初始化信息素踪迹和启发式信息。

2）判断算法收敛准则是否满足，若满足则输出优化结果，否则重复下述操作。

（1）对蚁群中的每只蚂蚁，重复下述操作。

对每个解构造步，重复下述操作：① 按照信息素和启发式信息的指引构造一步问题的解；② 进行信息素局部更新（可选）。

（2）进行后台操作，如近邻搜索、禁忌搜索（可选）。

（3）根据已获取的解的质量进行全局信息素更新。

自从 Dorigo 等人提出第一个 ACO 算法，即 AS（Ant System）算法后，许多学者对就如何改进基本 ACO 算法进行了大量的研究，如基于蚂蚁等级的 AS_{rank}，引入了 Q-学习机制的 Ant-Q，采用伪随机比例规则的 ACS，将信息限制在一定的范围内并使用了信息素平滑机制的最大最小蚁群算法 MMAS 等。国内的学者针对提高 ACO 算法的性能也展开了大量有益的工作，如吴庆洪等人从遗传算法中变异算子的作用得到启发，在蚁群算法中采用了逆转变异机制，进而提出了一种具有变异特征的蚁群算法，这是国内学者对蚁群算法所做的最早改进。张纪会等人提出了自适应的蚁群算法，采用确定性选择和随机选择相结合的策略，在搜索的过程中动态地调整选择的概率，实现了选择概率的自适应，提高了算法的收敛速度和性能。吴斌和史忠植首先在蚁群算法的基础上提出了相遇算法，提高了蚁群算法蚂蚁一次周游的解的质量。陈峻、沈洁和秦岭等人提出基于分布均匀度的自适应群算法，该算法根据优化过程中解的分布均匀度，自适应地调整路径选择概率的确定策略和信息量更新策略。朱庆保和杨志军提出基于变异和动态信息素更新的蚁群优化算法，该算法针对 TSP 问题提出了三种策略，即最近节点选择策略、信息素动态更新策略和最优个体变异策略，大大提高了 ACO 算法求解 TSP 问题的能力。

2.4 量子进化算法

量子力学和信息学看似是两个相隔遥远的学科，但它们的结合却产生了一个可能在根本上影响人类未来发展的交叉学科——量子信息学。二十世纪后半叶，人类进入信息时代，计算机的发展日新月异。但随着计算机芯片的集成度越来越高，元件越做越小，集成电路技术现在正逼近其极限，尽管计算机的运行速度与日俱增，但是有一些难题是现有计算机根本无法解决的，例如大数的因式分解等。

几十年前，该领域的一些先驱者，如美国 IBM 公司的 Charles H. Bennett 等人就开始研究信息处理电路未来的去向问题，他们指出，当计算机元件的尺寸变得非常小时，我们不得不面对一个严峻的事实：现有经典的描述不再适用，必须用量子力学来对它们进行描述。

2.4.1 量子计算概念的产生和发展

量子计算（Quantum Computation，QC）的概念起源于对可逆计算机的研究，最早由诺贝尔物理学奖获得者 Feynman 在 1982 年提出，量子计算是相对于经典意义上的计算而言，它是基于量子力学而非经典物理学的思想进行计算的。1985年，牛津大学的 Deutsch 在他的论文中提出了任何物理过程原则上都能很好地被量子计算机模拟的方案，他的这种方案被普遍认为是量子计算机的第一个蓝图，他的工作在量子计算机发展中具有里程碑式的意义。Deutsch 建立了量子网络和量子逻辑门的概念，对后来研究量子计算有着非常重要的意义。1992 年，Deutsch 在量子力学迭加原理的基础上提出了 D-J 算法。到二十世纪九十年代初期，人们开始寻找能够发挥量子计算机优点的途径，1994 年，美国贝尔实验室的 Shor 设计了一个具体的量子算法，这个算法在设想的量子计算机中竟然能有效地进行大数的质因式分解。这意味着以大数质因式分解算法为依据的电子银行、网络等领域的 RSA 公开密钥密码体系将在量子计算机面前不堪一击。Shor 算法的提出使量子计算和量子计算机的研究有了实际应用背景，因而也获得了新的推动力。几年后，Grover 又发现了未加整理的数据库搜索 Grover 迭代算法——量子搜寻算法。利用这种算法，在量子计算机上可以实现对未加整理数据库 $\sqrt{N}$ 量级加速搜索，而且用这种加速搜索有可能解决经典的所谓的 NP 问题，可以破译 DES 密码体系。1996 年，Lloyd S 证明了 Feynman 的猜想，他指出模拟量子系统的演化将成为量子计算机的一个重要用途，量子计算机可以建立在量子图灵机的基础上。由于量子计算机具有巨大的应用前景和市场潜力，于是各国政府纷纷投入大量的资金和科研力量进行量子计算机的研究。近几年，量子计算和量子计算机的理论和实验研究都呈现出迅猛发展的势头，已经从最初仅是学术上感兴趣的对象，变成对计算机科学、密码科学、通信技术及国家安全和商业应用都有潜在重大影响的领域，从而引起广泛的关注。如今这一领域已经形成一门新的学科——量子信息学。

2.4.2 量子计算的物理原理

从物理的观点看，计算机是一个物理系统，计算则是这个系统演化的物理过程。经典信息系统以一个位或比特（bit）作为信息单元，一个比特是一个有两个状态的物理系统，它可以制备为两个可识别状态中的一个，如是或非，真或假，0 或 1。在数字计算机中，一个电容器极板之间的电压可表示为信息比特，有电荷代表 1，无电荷代表 0。在量子信息系统中，常用量子位或量子比特（qubit）表示信息单元。量子计算机是用二态的量子力学系统来描述两位信息的，这里的二态是指两个线性独立的态，例如两种偏振态的光子（水平和垂直偏振）、磁场中自旋为 1/2 的粒子（自旋向上和向下）、两能级的原子或离子（基态和激发态）及量子系统的空间模式（例如光子）等。对于半自旋粒子系统（如电子），这两个独立态

常记为|0>和|1>（|0>表示自旋向上态，|1>表示自旋向下态）。以这两个独立态为基矢，张起一个二维复矢量空间，所以也可以说一个 qubit 就是一个二维 Hilbert 空间，1 个量子比特就是这个二维希尔伯特空间的单位矢量。因此，也可以用 1 个单位球面上的点（见图 2.4）表示 1 个量子比特的纯态，由欧拉（Euler）角 θ 和 φ 决定（整体的相因子通常可以忽略）点的位置，这个球被称为布洛赫（Bloch）球。经典比特可看成量子比特的特例（令 α=0 或 β=0），对应于布洛赫球上的两个极点，1 量子比特信息包含了 1 比特的信息，同时连续变化，可以覆盖整个球面，所以 1 量子比特可以运载更多的信息量。

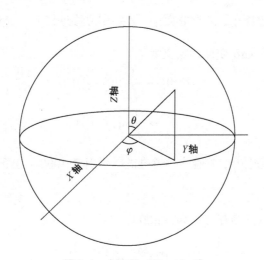

图 2.4　布洛赫（Bloch）球

一个量子比特可以处于两个逻辑态 0 和 1 的任意叠加，$|\psi\rangle = \alpha|0\rangle + \beta|1\rangle$。态的线性叠加是理解量子计算机运作的关键。这种线性化特征意味着对叠加态的任一操作都产生对各个态单独操作的叠加。在经典计算机中不存在类似的原理，这也是量子计算机超出经典计算机的一个重要因素。同时，叠加性也允许一种奇特

现象的存在，即量子纠缠（entanglement）。所谓量子纠缠就是一个完整的量子系统的态不能用单个的量子位的态来描述。用量子力学的测量理论也可解释为两个量子位是纠缠的，当且仅当对一个量子位的测量影响了另一个量子位的态。

量子系统的态演化遵从 Schrodinger 方程。为了保证系统的总概率不变，演化算子必须是幺正算子。一些常见的幺正算子有：

$$I : |0\rangle \rightarrow |0\rangle, |1\rangle \rightarrow |1\rangle$$

$$X : |0\rangle \rightarrow |1\rangle, |1\rangle \rightarrow |0\rangle \qquad (2\text{-}11)$$

$$Z : |0\rangle \rightarrow |0\rangle, |1\rangle \rightarrow -|1\rangle$$

其中，I 是恒等算子，X 是非算子，Z 是相位移动算子。另外一个非常重要的变换是 Walsh-Hadamard 变换，定义为：

$$H : |0\rangle \rightarrow \frac{1}{\sqrt{2}}(|0\rangle + |1\rangle)$$

$$|1\rangle \rightarrow \frac{1}{\sqrt{2}}(|0\rangle - |1\rangle) \qquad (2\text{-}12)$$

这个算子作用到 $|0\rangle$，产生一个叠加态。作用到 $|000\cdots0\rangle$ 的 n 位寄存器上，结果是：

$$(H \otimes H \otimes \cdots \otimes H)|000\cdots0\rangle$$

$$= \frac{1}{\sqrt{2^n}}((|0\rangle + |1\rangle) \otimes \cdots \otimes (|0\rangle + |1\rangle))$$

$$= \frac{1}{\sqrt{2^n}}(|00\cdots00\rangle + |00\cdots01\rangle + \cdots |11\cdots11\rangle) \qquad (2\text{-}13)$$

$$= \frac{1}{\sqrt{2^n}}\sum_{x=0}^{2^n-1}|x\rangle; \qquad x \in \{0,1\}^n$$

由于可以制备经典的不同态的叠加态，量子计算机对叠加态的演化就是对其中各个叠加成分的演化，即同时沿着经典上互不相同的路径计算，这就是所谓的量子并行（Quantum Parallelism），量子计算机具有的超出经典计算机信息处理能力，就源于它的这种高度并行计算能力。

量子寄存器的态由测量确定。一旦测量完成，系统就坍缩（Collapse）到所测量到的态，而所有其他信息都丢失了。这种测量坍缩过程是随机的、不可逆的、斩断相干的和非定域性的。由于测量量子计算结果输出的不唯一性，因此在计算过程中，只有充分利用概率幅的相长或相消干涉，尽可能地增大需要结果出现的概率，同时减小不需要结果出现的概率，以最大的概率得到需要的结果，完成量子计算的过程。

2.4.3 量子计算与经典计算相比的重要特点

量子算法是相对于经典算法而言的，它最本质的特征就是利用了量子态的叠加性和相干性，以及量子比特之间的纠缠性，是量子力学直接进入算法领域的产物，它和其他经典算法最本质的区别就在于它具有量子并行性。我们也可以通过概率算法去认识量子算法。在概率算法中，系统不再处于一个固定的状态，而是对应于各个可能状态各有一个概率，即状态概率矢量。如果知道初始状态概率矢量和状态转移矩阵，通过状态概率矢量和状态转移矩阵相乘可以得到任何时刻的概率矢量。量子算法与此类似，只不过需要考虑量子态的概率幅度，因为它们是平方归一的，所以概率幅度相对于经典概率有了 $\sqrt{N}$ 倍的放大，状态转移矩阵则用 Walsh-Hadamard 变换、旋转相位操作等么正变换实现。量子算法作为控制量子计算机运行的程序，显示出高效的运算能力。

1. 状态的叠加

在经典数字计算机中，信息被编码为位（Bit）链。1 比特信息就是两种可能情况中的一种，0 或 1，假或真，对或错。在量子计算机中，基本的存储单元是一个量子位（Q-bit）。一个简单的量子位是一个双态系统。例如半自旋或两能级原子，自旋向上表示 0，自旋向下表示 1，或者基态代表 0，激发态代表 1。不同的是，一个量子位除了可以处于 0 态和 1 态之外，还可以处于它们的叠加态。为了便于表示和运算，Dirac 提出用符号 $|x>$ 来表示量子态。一个量子位的叠加态可用二维 Hilbert 空间（二维复向量空间）的单位向量 $|\psi>$ 来描述，$|\psi> = \alpha|0> + \beta|1>$，$|\alpha|^2 + |\beta|^2 = 1$，其中 α、β 为代表相应状态出现概率的两个复数，$|\alpha|^2$、$|\beta|^2$ 分别表示量子比特处于状态 0 和状态 1 的概率。一个 n 位的普通寄存器处于唯一的状态中，而根据量子力学的基本假设，一个 m 位的量子寄存器可处于 2^m 个基态的相干叠加状态 $|\psi>$ 中，即可以同时表示 2^m 个数。叠加态和基态的关系可以表示为：

$$|\psi> = \sum_{k=1}^{2^m} C_k |S_k>$$ （2-14）

其中，C_k 为 $|\psi>$ 在受到量子计算机系统和纠缠的测量仪器观测时坍塌到基态 $|S_k>$ 的概率，满足归一化条件 $|C_1|^2 + |C_2|^2 + \cdots + |C_{2^m}|^2 = 1$。

2. 状态的相干

量子计算的一个主要原理就是使构成叠加态的各个基态通过量子门的作用发生干涉，从而改变它们之间的相对相位。如一个叠加态为 $|\psi> = \dfrac{2}{\sqrt{5}}|0> +$

$\frac{1}{\sqrt{5}}|1>=\frac{1}{\sqrt{5}}\begin{pmatrix}2\\1\end{pmatrix}$，设量子门 $U=\frac{1}{\sqrt{2}}\begin{pmatrix}1&1\\1&-1\end{pmatrix}$ 作用在其上，结果为 $|\psi>=\frac{3}{\sqrt{10}}|0>+\frac{1}{\sqrt{10}}|1>$，可以看到基态 $|0>$ 的概率幅度增大，而 $|1>$ 的概率幅度减小。若量子系统 $|\psi>$ 处于基态的线性叠加的状态，我们称系统为相干的。当一个相干的系统和它周围的环境发生相互作用（测量）时，线性叠加就会消失，具体坍塌到某个基态 $|S_k>$ 的概率由 $|C_k|^2$ 决定。如对于上面的 $|\psi>$ 进行测量，其坍塌到 $|0>$ 的概率为 0.9，这个过程称为消相干。

3. 状态的纠缠

量子计算另一个重要的机制是量子纠缠态，但它违背我们的直觉。对于发生相互作用的两个子系统中所存在的一些态，若不能表示成两个子系统态的张量积，则这样的态就被称为纠缠态。对处于纠缠态的量子位的某几位进行操作，不但会改变这些量子位的状态，还会改变与它们相纠缠的其他量子位的状态。量子计算能够充分实现也是利用了量子态的纠缠特性。

4. 量子态随时间演化的幺正性

孤立量子系统的态矢量 $|\psi>$ 随时间的演化遵从 Schrodinger 方程：

$$i\eta\frac{\partial|\psi\rangle}{\partial t}=\hat{H}|\psi\rangle。$$

5. 量子态不可克隆性

量子力学的线性特性禁止对一个未知的量子态进行精确的复制（克隆）。

6. 量子测量公设

量子一经测量，系统就坍缩到所测量到的态。这种测量坍缩过程是随机的、不可逆的、斩断相干的和非定域性的。由于测量量子计算结果输出的不唯一性，因此在计算过程中，只有充分利用概率幅度的相长或相消干涉，尽可能增大需要结果出现的概率，同时减小不需要结果出现的概率，使对计算末态的测量以最大的概率得到需要的结果，完成量子计算的过程。

7. 量子隐形传态

量子隐形传态应用了量子特性来实现信息的传送和处理。其信息容量大，可靠性高。这种方法能完成纯经典方法或纯量子方法所无法做到的量子态传送。

但是到目前为止，人们还没有制造出一台实际运作的量子计算机，实现量子计算机的困难在于量子系统既要有效地被外界控制，又要与环境很好地隔离。科学技术的发展过程充满了偶然和未知，就算是物理学泰斗爱因斯坦也决不会想到，为了批判量子力学而假想出来的 EPR 态，在六十多年后不仅被证明是存在的，而且还被用在量子信息中。相信随着技术的进步和量子计算机结构设计上的发展，实用量子计算机会被建造出来，并像现在的经典计算机一样无处不在，给我们的生活带来巨大的影响。

2.4.4　量子进化算法的数学描述

前面我们提到，进化算法是模拟自然进化过程的一类随机搜索和优化技术。虽然同传统的优化方法相比（例如基于微积分的方法和穷举法），进化算法是鲁棒的、全局的和不依赖问题知识的，但是这类方法本身也存在着不足，比如对开发（Exploitation）和探寻（Exploration）的平衡能力较差，换句话说，群体的多样性（Population Diversity）和选择性压力（Selective Pressure）不容易同时实现——强的选择性压力导致搜索过早收敛，弱的选择性压力使搜索毫无效率。另一方面，算法对进化个体过去的历史信息没有加以利用，于是，人们提出了各种各样的改进方法。量子驱动的进化算法（简称为量子进化算法，Quantum-inspired Evolutionary Algorithm，QEA）是新近发展起来的一种概率进化算法，是量子计算与进化计算理论相结合的产物。它以量子计算的一些概念和理论为基础，用量子位编码表示染色体，通过量子门更新种群来完成进化搜索，与传统进化算法相比，能够更容易地在探索与开发之间取得平衡，具有种群规模小、收敛速度较快、全局寻优能力强等特点。

1. 染色体表示

在进化算法中，可以使用许多不同的表示方法把解编码为染色体，经典的编码方式有二进制、十进制和符号编码。在量子进化算法中，可以使用一种新颖的基于量子比特的编码方式，即用一对复数定义一个量子比特位。一个具有 m 个量子比特位的系统可以描述为：

$$\begin{pmatrix} \alpha_1 & \alpha_2 & ... & \alpha_m \\ \beta_1 & \beta_2 & ... & \beta_m \end{pmatrix} \tag{2-15}$$

其中，$|\alpha_i|^2+|\beta_i|^2=1$，$i=1,2,\cdots,m$，$0 \leqslant |\alpha_i| \leqslant 1$，$0 \leqslant |\beta_i| \leqslant 1$。这种表示方法具有能够表征叠加态的优点，例如一个具有如下概率幅度的 3 个量子比特系统：

$$\begin{bmatrix} \dfrac{1}{\sqrt{2}} & -\dfrac{1}{\sqrt{2}} & -\dfrac{1}{2} \\ \dfrac{1}{\sqrt{2}} & \dfrac{1}{\sqrt{2}} & \dfrac{\sqrt{3}}{2} \end{bmatrix} \tag{2-16}$$

则系统的状态可以表示为：

$$\frac{1}{4}|000> -\frac{\sqrt{3}}{4}|001> -\frac{1}{4}|010> +\frac{\sqrt{3}}{4}011> +\frac{1}{4}|100>$$

$$-\frac{\sqrt{3}}{4}|101> -\frac{1}{4}|110> +\frac{\sqrt{3}}{4}|111 \qquad (2\text{-}17)$$

上面结果表示态$|000>$、$|001>$、$|010>$、$|011>$、$|100>$、$|101>$、$|110>$和$111>$，出现的概率分别为$\frac{1}{16}$、$\frac{3}{16}$、$\frac{1}{16}$、$\frac{3}{16}$、$\frac{1}{16}$、$\frac{3}{16}$、$\frac{1}{16}$和$\frac{3}{16}$。因此，式（2-17）这个 3 个量子比特的系统包含了 8 个态的信息。

由于使用量子比特染色体能够表征叠加态，因此，具有量子比特表示的进化算法比经典的进化算法具有更好的多样性。如在上例中，一个量子比特染色体足以表示 8 个态，而在经典进化算法中至少需要 8 个染色体(000)、(001)、(010)、(011)、(100)、(101)、(110)和(111)来表示。由此可知，如果有 m 位的量子比特系统，可同时表示 2^m 种状态（即 2^m 种基态），并且量子状态由 2^m 个幅度所确定。因而在对量子比特计算时，一次运算相当于对 2^m 种状态同时操作，这就是量子并行性的由来。所以一个量子比特所包含的信息要比经典的比特多。同时，量子进化算法也具有良好的收敛性，随着$|\alpha_i|^2$或$|\beta_i|^2$趋于 1 或 0，量子比特染色体收敛到单个态，这时多样性逐渐消失，算法收敛。因此，量子染色体表示同时具有开发和探测两种特性。

2. 算法描述

量子进化算法的基本结构描述如下。

procedure QEA

　begin

　　t=0

初始化 $Q(t)$

由 $Q(t)$ 生成 $P(t)$

评价 $P(t)$

保存 $P(t)$ 中的最优解

while (非结束条件) do

  begin

    $t=t+1$

    由 $Q(t-1)$ 生成 $P(t)$

    评价 $P(t)$

    由 $U(t)$ 更新 $Q(t)$

    保存 $P(t)$ 中的最优解

  end

  end

QEA 是一种与进化算法类似的概率算法。在第 t 代，量子染色体的群体为 $Q(t)=\left\{q_1^t,q_2^t,\cdots,q_n^t\right\}$，其中 n 为群体规模，而 q_j^t 定义为如下的染色体：

$$q_j^t=\begin{pmatrix} \alpha_1^t & \alpha_2^t & \dots & \alpha_m^t \\ \beta_1^t & \beta_2^t & \dots & \beta_m^t \end{pmatrix} \tag{2-18}$$

其中，m 为量子比特的数目，即量子染色体的长度；$j=1,2,\cdots,n$。

在初始化群体 $Q(t)$ 中，所有 q_j^t $(j=1,2,\cdots,n)$ 中的 α_i^t 和 β_i^t $(i=1,2,\cdots,m)$ 可都被初始化为 $1/\sqrt{2}$。这意味着一个量子染色体 $q_j^t|_{t=0}$ 以下列相同的概率表示了所有可能的线性叠加态，可表示为：

$$|\psi_{q_j^0}\rangle \geqslant \sum_{k=1}^{2^m} \frac{1}{\sqrt{2^m}} |S_k\rangle \qquad (2\text{-}19)$$

其中，S_k 是用二进制串$(x_1,x_2,\cdots,x_m)$表示的第 k 个状态。$x_i(i=1,2,\cdots,m)$为 0 或者为 1。在"由 $Q(t)$生成 $P(t)$"这一步中，通过观察 $Q(t)$的状态，产生一组二进制解的集合 $P(t)$，其中在第 t 代中，$P(t)=\left\{x_1^t,x_2^t,\cdots,x_n^t\right\}$，每个二进制解 $x_j^t(j=1,2,\cdots,n)$ 是长度为 m 的二进制串，其中的每一位是通过使用量子比特的概率，即 q_j^t 中$|\alpha_i^t|^2$ 或$|\beta_i^t|^2(i=1,2,\cdots,m)$得到的，具体过程为：生成一个[0,1]内的随机数 r，如果 $r>|\alpha_i|^2$，则 x_i 取值为 1，否则取值为 0。接下来对每个解 x_j^t 进行评价，得到其适应度值，然后在初始的二进制解集 $P(t)$中选择最优解，并保存下来。

在 while 循环中，步骤"更新 $Q(t)$"的目的是使量子染色体具有适应度更好的态。同前面描述的步骤一样，通过观察 $Q(t-1)$的状态，产生一组二进制解集 $P(t)$，对每个二进制解进行评价，得到其适应度值。在接下来的"更新 $Q(t)$"这一步中，使用某些合适的量子门 $U(t)$，对量子染色体群体 $Q(t)$进行更新，其中的量子门是通过利用二进制解 $P(t)$和所保存的最优解形成的。通常情况下，量子门都是根据实际的问题来设计的。需要指出的是：由于概率归一化条件的要求，量子门变换矩阵必须是可逆的归一化矩阵——么正矩阵，满足 $U^*U=UU^*$（U^*为 U 的共轭转置矩阵）条件。常用的量子门有旋转门、异或门、受控的异或门和 Hadamard 变换门等，其中旋转门可表示为：

$$U(\theta)=\begin{bmatrix} \cos(\theta) & -\sin(\theta) \\ \sin(\theta) & \cos(\theta) \end{bmatrix} \qquad (2\text{-}20)$$

其中，θ 为旋转角度，在下一步中，选择 $P(t)$中的最优解，如果这个解比所保存的最优解好，就用它取代所保存的最优解。循环结束后，保存下来的最优解就是最后希望得到的解。

从上面列出的量子进化算法的基本结构可以看出，量子进化算法采用量子门变异来进化种群，通过观察量子染色体的状态来生成所需要的二进制解，尽管量子门 $U(t)$ 的选取是基于局部最优解的，但这依然是一个概率操作过程，具有很大的随机性，因此个体在进化的同时，也不可避免地产生退化的可能。

2.5 文化算法

十九世纪六十年代，信息论和系统论的研究将文化看成是信息的载体，认为文化是一个能完成与环境交互的系统，并能指导系统中每个成员的行为。社会学研究者认为，文化是一个由个体在进化过程中获取的经验和知识组成的信念空间，新的个体人可以在该信念空间中学到他没有直接经历的经验和知识。

基于这种想法，Reynolds 于 1994 年提出了模拟人类社会进化过程的文化算法，将算法演化看作是在两个层面——微观层面和宏观层面上的继承过程。在微观层面，个体进行演化形成行为特征；在宏观层面，个体保存上述行为特征，并通过与微观层面的交流，对微观层面的继续演化加以引导。

文化算法提供了一种显性的机制来获取、保存和整合微观群体演化求解的知识和经验，而传统的演化计算技术只提供了隐性的知识表示和保存机制。这种方法的主要思想就是保存群体可接受的知识，抛弃不接受的知识。应用文化算法解决全局优化问题，就是用可接受的知识来引导微观群体的演化。文化算法的计算模型或框架如图 2.5 所示。

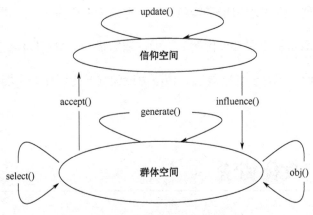

图 2.5　文化算法的计算模型或框架

文化算法的计算框架是由群体空间（Population Space）和信念空间（Belief Space）两部分组成的，前者是基于传统种群的进化的，后者是基于信念文化的进化的，用于知识经验的形成、储存和传播；两者相对独立，但又相互联系。其中，函数 accept()用于搜集优秀个体的经验知识；函数 influence()利用解决问题的知识指导种群空间的进化；函数 update()用于更新信念空间；函数 generate()是群体操作函数，使个体空间得到进化；函数 select()根据规则重新生成个体中选择一部分个体作为下代个体的父辈。由计算模型得到文化算法的基本流程如图 2.6 所示。

Reynold 和 Chung 等人已利用文化算法求解全局优化问题，并取得较好结果。Chung 和 Reynolds 将进化规划和遗传算法数值优化系统 GENOCOP 结合起来进行函数优化问题求解，将问题解空间分为可行域和非可行域，利用主群体空间中的可行解和非可行解对知识空间中保存的解位置信息、解区间（Interval）进行调整，再以该区间对问题解空间进行可行域和非可行域的进一步划分来指导主群体在可行域内的继续演化。Jin 等人提出了一种 n 维的知识解模式，称为知识元（Belief-cell），将其作为进行非线性约束获取、保存和整合的机制，通过不可行个体对解空间进行剪枝来引导演化搜索，这都取得了较好的效果。

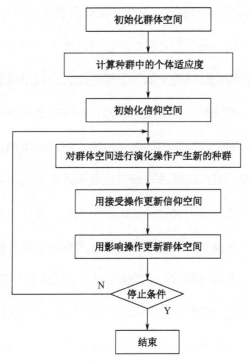

图 2.6　文化算法的流程

Chung 的研究关注于解决静态无约束实值函数优化，根据不同函数的特征定义了不同类型的知识，用以解决不同类型的问题，其研究关注于不同知识结构的作用，也指出对于不同的函数图形，某些类型的知识比其他类型更加有用。

Saleem 首次使用文化算法处理动态优化问题，并对文化算法和自适应 EP 的性能进行了比较，显示出文化算法在所有实验中性能优于自适应 EP。

Trung 等人提出了一种局部搜索和文化算法相结合的办法来解决优化问题，Reynolds 等人对文化算法中的知识学习和社会群体进行了研究，另外还有采用传统进化计算结合文化算法的研究，对一些问题取得了比传统进化算法更好的结果。

总之，作为一种新的进化算法，文化算法可以看作上下两层空间框架或模型。下层的群体空间和上层知识空间各自保存自己的群体，并各自独立并行演化。一般而言，下层空间定期贡献精英个体给上层空间，上层空间不断进化自己的精英群体，反过来影响（或控制）下层空间群体，最终形成双演化、双促进机制。文化算法已初步成功应用于静态问题的优化搜索、多目标优化、调度问题、动态环境优化等方面。目前，对文化算法的研究已成为计算智能研究的热点，获得了不同领域众多学者的关注，应用文化算法的求解问题，包括在不同的群体（如不同演化算法的群体）内可按不同的速度进行演化求解的复杂系统问题，结合搜索和知识引导的混合系统求解问题，需多群体及其交互的求解问题，将不同算法结合，利用其各自特性进行混合求解的问题等。由此可见，这种文化算法模型或框架针对不同问题可以采用不同内涵的群体空间和信仰空间，具有广泛的应用前景。

第 3 章

基于进化规划的文化算法设计

本章提出了两种改进的基于进化规划的文化算法，并研究了这些算法在解决复杂约束优化问题中的应用。该研究的主要新特征是分别采用进化规划和改进的进化规划策略来对群体空间建模，并根据相应的群体空间，对信仰空间在进化过程中如何提取、存储和更新各种知识源进行了详细的分析和设计，并将所得到的新知识用来指导群体的进化过程。为验证算法的有效性，本章使用了一个典型的基准测试函数进行了仿真实验，并与目前其他较好的约束优化处理算法进行了详细比较。仿真结果表明，该算法具有更好的优化性能及更低的运算代价。

3.1 引言

二十世纪八十年代以来，一些新颖的优化算法，如遗传算法、进化规划、进化策略等智能优化技术，通过模拟或揭示某些自然现象或过程而得到发展，为解决复杂优化问题提供了新思路，这些算法都是对自然进化现象的模拟，强调了自然进化的不同方面。遗传算法强调染色体的操作，即个体基因结构的变化对其适应度的影响；进化策略强调个体级的行为变化；进化规划则强调种群级上的行为变化。一般认为，遗传算法是一种较为通用的求解方法，而进化策略和进化规划更适宜于求解数值优化问题。

然而，算法早熟是进化规划遇到的最大问题。导致出现算法早熟的原因很多，求解问题的复杂性和欺骗性是造成算法早熟的一个原因。因此，从问题入手，对问题进行改造和变换是一种解决方法，但这需要对问题有深入的理解，而且有些实际问题复杂得根本无法进行处理，这就需要在进化过程中不断获取有益的知识和经验。但传统的进化计算只有有限的或含糊的机制表示和存储个体在每一代进化过程中所获取的知识，它们过多地依赖于在算法运行之前获取一些有关问题的详细而准确的知识（譬如函数的地貌模式），然而这些知识在进化搜索前是不易得到的，这样就产生了两个问题：（1）进化算法是否可能在搜索过程中而不是在运行之前获取约束知识？（2）如何从所获取的知识中受益？

本章分析并设计了两种改进的基于进化规划的文化算法，并将这些算法应用于求解复杂的约束优化问题。对于该文化算法，在微观层面上，群体空间中群体的进化分别采用进化规划和改进的进化规划策略；在宏观层面上，信仰空间的设计将针对进化规划的特点，研究如何在进化的过程中提取和表示相关的约束知识；分析和设计各类知识在群体进化过程中的影响因子，并依据优化环境的变化情况，启发式地动态调整影响因子，从而保持群体多样性，克服早熟，进一步指导微观群体的进化过程，提高优化效率和优化性能。

3.2 算法的分析和设计

文化算法提供了一种多进化过程的计算模式，分别从微观和宏观层面模拟生物层面的进化和文化层面的进化，各进化过程既相互影响，又相互促进。文化算法超越了传统的进化算法，通过模拟微观、宏观各层面的进化，更加准确地反映了物种的进化过程，文化算法的伪代码可描述如下：

$t=0$；

Initialize Population P^t；   //初始化群体空间

Initialize Belief Space B^t；   //初始化信仰空间

Do {   //循环开始

Evaluate the performance scores of P^t；

B^{t+1}=Update(B^t, Accept(P^t))；   //用被选择的个体子集对现有的信仰空间进行更新

P^t=generate(P^t, Influence(B^{t+1}))；   //用被更新过的信仰空间 B^{t+1} 中的知识和当前群体空间 P^t 产生新一代 P^t，这样群体空间就有 $2*p$ 个个体

$t=t+1$；

$P^t = \text{Select}(P^{t-1}, P^t);$ //从父代 P^{t-1} 和现有子代 P^t 选择下一代

} while $\neg$ (termination condition)   //循环结束

3.2.1 群体空间上的进化

文化算法提供了一种多进化过程的计算模式，因此，从计算模式来看，任何适合于文化算法的进化算法都可以嵌入到文化算法的框架中作为群体的进化过程。当文化算法应用于实数参数的优化时，可采用遗传算法、进化策略和进化规划三种主要的群体进化算法来对群体空间建模。然而，由于进化规划被经常用于实值函数优化，并具备较好的性能。同时进化规划注意的是整个繁殖种群，这和文化算法所关注的一致。因此，在对群体空间进行建模时，本章首先采用经典进化规划策略（Classical Evolutionary Programming），其中算法的主要执行步骤如下。

（1）当迭代次数 $t=0$，随机生成一个具有 p 个个体组成的初始群体。

（2）通过目标函数 obj()对每个候选个体进行评价。

（3）对群体中的每一个个体(x_i, η_i)进行变异（变异机制由 Schwefel 定义，后经 Gehlhaar 和 Fogel 修改），其中，x_i 为个体目标向量，η_i 是变异向量；通过如下变异产生一个后代(x_i', η_i')，$i=1,2,\cdots,p$ 时，有：

$$\eta_i'(j) = \eta_i(j)\exp(\tau'N(0,1) + \tau N_j(0,1))$$
$$x_i'(j) = x_i(j) + \eta_i'(j)N_j(0,1)$$

（3-1）

其中，$x_i(j)$、$x_i'(j)$、$\eta_i(j)$、$\eta_i'(j)$分别表示向量 x_i、x_i'、η_i、η_i'的第 j 个分量$(j=1,2,\cdots,n)$；$N(0,1)$是一个满足一维正态分布的随机数，$N_j(0,1)$是对每个不同的 j 产生的随机

数，τ 和 τ' 通常被设置成 $(\sqrt{2\sqrt{n}})^{-1}$ 和 $(\sqrt{2n})^{-1}$（由 Back 和 Schwefel 推荐），注意此时群体空间中的个体数为 $2*p$。

（4）通过目标函数 obj() 评价每个新产生的个体。

（5）所有双亲和子个体组成一个由 $2*p$ 个个体组成的群体，对于该群体中的每一个个体，采用锦标赛的方法选择 p 个具有最大值的获胜者作为下一代的双亲，$t=t+1$，重复步骤 2，直到满足一定的终止条件。

3.2.2　信仰空间上的进化

1. 信仰空间的约束表达

在解决约束优化问题时，其中一个关键问题是如何将问题的约束表示成信仰空间中的知识并保存起来。事实上，问题的约束总是将搜索空间分割成较小的区间，不同区间有不同的特性，一些区域是可行的，满足所有的约束条件，相应的，另一些区域则是不可行的。所以我们可以将搜索空间分成更小的区间，这些区间称为细胞单元（Cell），故而每个细胞单元也有不同的特性，如一些单元完全在可行（不可行）区域，是可行（不可行）的，另外一些由于既在可行区域，又在不可行区域，是半可行的。人们称这样的单元为信仰单元（Belief Cells），这些信仰单元构成了文化算法的信仰空间，用以表示、存储问题的约束知识，并提供信仰单元的约束知识，指导群体空间进化。

图 3.1 是二维的搜索空间被分割成信仰单元的示例。在图 3.1（a）中，各坐标轴用区间进行划分，将目标函数置于此空间中，使信仰空间等同于问题的求解

空间，则图 3.1（a）中的曲线表示一个约束优化函数的约束边界，曲线内部为可行区域，曲线外部为不可行区域。将空间按不同特征进行分类，以便于知识的获取和传递。在此，空间分为 3 类：可行域、不可行域和半可行域。在图 3.1（b）中，黑色和白色方格分别代表求解问题的可行域和不可行域，灰色方格中一部分为可行域，另一部分为非可行域，在此称其为半可行域，这样，可行/不可行区域知识可以根据信仰单元显式地辨别出来。

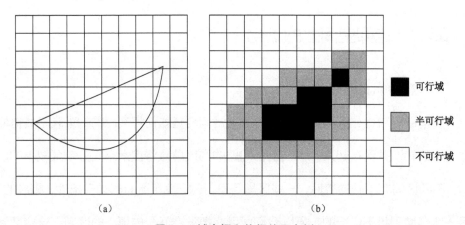

图 3.1　域空间和信仰单元实例

在有边界约束的问题中，确保产生新个体的参数值位于问题的可行域中是必要的。我们根据下列规则判断一个新个体是否比其父代好，是否能代替父代。

（1）一个可行的个体总是比不可行的个体好。

（2）如果两个均可行，具有较好目标函数值的个体更好。

（3）如果两个均不可行，在规范化约束条件下，违反约束条件少的较好。

如此设计信仰空间可以使群体空间中位于非可行域的个体向可行域移动。此外，很多较难求解的约束优化问题的最佳点往往位于可行域与非可行域的边界线上，因此，半可行域对发现较好的解起到引导的作用。

2. 信仰空间的设计和作用

信仰空间的设计是文化算法的另一个更为重要的空间设计，该空间的主要作用是提供一个明确的机制用来获取、存储和整合个体或群体解决问题的经验和行为，因此，当将文化算法应用于全局优化问题时，被接受的信仰将被视为约束条件，这样，约束条件将直接影响搜索过程，因此，信仰空间设计的好坏将直接影响优化的性能的优劣和优化效率的高低。本章将信仰空间划分为四种知识源，并针对进化规划的特点，详细分析和设计了不同的影响因子用来动态调节各种知识源在进化过程中所起的作用，具体设计如下。

（1）情形知识：情形知识包含进化过程中所发现的最好个体 E，它是其他个体所要跟随的领头个体，使得情形知识能决定群体空间进化的方向和步长，它对群体空间进化的影响可设计为：

$$x'_{i,j} = \begin{cases} x_{i,j} + \left| (x_{i,j} - E_j) * N_{i,j}(0,1) \right| & x_{i,j} < E_j \\ x_{i,j} - \left| (x_{i,j} - E_j) * N_{i,j}(0,1) \right| & x_{i,j} > E_j \\ x_{i,j} + \lambda * \left| (x_{i,j} - E_j) \right| * N_{i,j}(0,1) & 其他 \end{cases} \quad （3-2）$$

其中，$x_{i,j}$ 是群体空间中第 i 个个体的第 j 个决策变量，E_j 是最好个体 E 的第 j 个决策分量，$N_{i,j}(0,1)$ 是依据群体空间的特点所设计的一个满足一维正态分布的随机数，目的是使子代能更好地接近所发现的最好点，情形知识的更新可以用当前所发现的最好个体 x_{best} 去代替所存储的个体 E（当且仅当 x_{best} 比 E 更好时）；λ 是一个常量，推荐取值为 0.3。

（2）规范化知识：用于表示最好解的参数范围，包含目前已发现的最好解中各决策变量所在的区间，目的是使新的解朝这些区间变化，因此，规范知识可以用图 3.2 所示的数据结构来表示。

l_1	u_1	l_2	u_2	$\cdots$	l_n	u_n
L_1	U_1	L_2	U_2	$\cdots$	L_n	U_n

dm_1	dm_2	$\cdots$	dm_n

图 3.2　规范化知识的数据结构

其中，l_j 和 u_j 分别表示第 j 个决策变量定义域的下限和上限；L_j 表示下限 l_j 对应的目标函数的适应值，U_j 表示上限 u_j 对应的目标函数的适应值。dm_j 是规范知识中的比例因子，用来调节群体空间进化的变异算子。规范化知识对群体空间进化的影响规则可描述为：

$$x'_{i,j} = \begin{cases} x_{i,j} + \left| (u_j - l_j) * N_{i,j}(0,1) \right| & x_{i,j} < l_j \\ x_{i,j} - \left| (u_j - l_j) * N_{i,j}(0,1) \right| & x_{i,j} > u_j \\ x_{i,j} + \dfrac{u_j - l_j}{dm_j} * \left| (u_j - l_j) \right| * N_{i,j}(-1,1) & \text{其他} \end{cases} \quad (3\text{-}3)$$

规范化知识的更新可以减小和扩大存储在其中的参数区间范围，当一个被接受的个体不在当前区间范围时，可以扩大区间范围；反之，当所有被接受的个体都在当前区间范围时，可以相应减小区间范围，dm_j 可根据前几代依据 $|u_i - l_i|$ 所得到的值进行更新。

（3）地形知识：地形知识的作用是创建一幅在进化过程中适应值的地貌图，它包含一系列细胞单元，每一个细胞单元中均可找到最好的个体，并可依据细胞中最好个体适应值的大小得到一张最好细胞排序表。对于多维的地形知识数据结

构，在设计时采用 $k-d$ 树或 k 维二叉树来表示，如图 3.3 所示。在 k 维二叉树中，

每一个结点最多只有二个子代，每个结点的数据结构如图 3.4 所示，包括各决策

变量区间的下限和上限、区间的最优解和指向其子代的指针。由于地形知识已标

记了每一步的已知值，这样就可以检测是否有变化的事件发生。

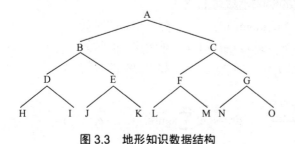

区间下限 $(l_1, l_2, \cdots, l_n)$
区间上限 $(u_1, u_2, \cdots, u_n)$
最优解 $(x_1, x_2, \cdots, x_n; f)$
指向子代的指针：null

图 3.3　地形知识数据结构　　　　图 3.4　每个结点的数据结构

　　如果一个个体的适应值比细胞中以前的最好解的适应值更好，并且树的深度

没有达到最大值时，可将该细胞一分为二，新产生的细胞将给予标记，同时将得

到的结果去更新最好细胞排序表，从而使地形知识得到更新。地形知识对群体空

间进化的作用是使孩子趋向于最好细胞排序表中的任何一个细胞，可表示为：

$$x'_{i,j} = \begin{cases} x_{i,j} + \left| (u_{c,j} - l_{c,j}) * N_{i,j}(0,1) \right| & x_{i,j} < l_{c,j} \\ x_{i,j} - \left| (u_{c,j} - l_{c,j}) * N_{i,j}(0,1) \right| & x_{i,j} > u_{c,j} \\ x_{i,j} + (u_{c,j} - l_{c,j}) * N_{i,j}(0,1) & \text{其他} \end{cases} \qquad (3\text{-}4)$$

　　其中，$l_{c,j}$ 和 $u_{c,j}$ 是细胞 c 的下限和上限，细胞 c 可随机从最好细胞排序表

中选取。

　　（4）历史知识：其主要作用是用来当优化陷入局部最优的情况时可调整偏移

距离和方向，其结构表示如图 3.5 所示，表中存放环境变化前的优秀个体，其存

放的最大数量为 w，其中，e_i 表示第 i 次环境变化之前所得到的最好个体，ds_j 是第

j 个决策变量的平均偏移距离，dr_j 则表示平均偏移方向。

图 3.5　历史知识的结构

历史知识对群体空间进化的影响函数可描述为：

$$x_{i,j}^{'} = \begin{cases} e \cdot x_j + dr_j * random(0,1) & \text{对于}\ \alpha\%\ \text{的时间} \\ e \cdot x_j + ds_j * random(-1.5,1.5) & \text{对于}\ \beta\%\ \text{的时间} \\ random(l_j, u_j) & \text{对于}\ \phi\%\ \text{的时间} \end{cases} \quad （3\text{-}5）$$

$$ds_j = \frac{\sum_{k=1}^{w-1} \left| e_{k+1}.x_j - e_k.x_j \right|}{w-1} \quad ; \quad dr_j = sgn\left(\sum_{k=1}^{w-1} sgn(e_{k+1}.x_j - e_k.x_j) \right)$$

其中，$x_{i,j}^{'}$ 是新产生的第 i 个个体的第 j 个决策变量，$e \cdot x_j$ 是以前存储在历史知识中最好个体 e 的第 j 个决策变量，$random(-1.5,1.5)$ 是在[-1.5,1.5]范围内均匀产生的随机数，在这里可采用轮盘赌的方法来决定新产生的个体如何偏移。其中 α%的时间是方向的偏移，β%的时间是距离的偏移，φ%的时间是在[l_j,u_j]范围内随机产生的。根据经验，α、β 和 φ 被分别推荐取 45、45 和 10。

3.2.3　接受函数

接受函数用来选择能够对当前信仰空间中的信息产生直接影响的个体，本章中采用根据适应值的大小从群体空间选择前面 20%的个体。

3.2.4　影响函数

影响函数负责选择不同的知识源去指导完成群体空间的进化变异操作，在群体空间演化的初始阶段，所有 $\%p_{ks}=1/4$，具有相同的概率作用于群体空间，因为有四种知识源，所以 $\%p_{ks}=1/4$，但在进化过程中，每种知识源的作用概率可设计为：

$$\%p_{ks}=0.2+0.8\,v_{ks}/v \qquad （3-6）$$

其中，v_{ks} 是个体在当前迭代中在知识源 ks 的作用下优于其父代的次数，v 是个体在当前迭代中在所有知识源 ks 的作用下优于其父代的次数；p_{ks} 的下限设定为 0.2，用来保证任何知识源 ks 的作用概率大于 0。如果在某迭代中，$v=0$，演化的初始阶段 $\%p_{ks}=1/4$。该函数是对影响函数的改进。

这样信仰空间的知识源便可依据其对群体空间作用的大小动态发挥其对群体空间的影响作用，使群体空间能够更好地接受知识空间的引导，同时扩大搜索空间，并且具备更好的全局搜索能力。

3.3 仿真实验与结果分析

为了验证所研究的算法在求解复杂约束优化问题方面的有效性，本章以 Floudas 等人给出的基准非线性优化问题为例进行了仿真研究。该问题的主要特征是：一个凸的目标函数受约束于一个非线性的不等式约束，同时也是一个多峰函数优化问题。为了增加问题的难度，假设在进化搜索前，没有任何额外的关于问题的详细的区域知识可利用，对于进化算法来说，这是一个非常难以求解的问题，其描述如下。

$$\text{Min} \quad Z = -12x - 7y + y^2$$

$$\text{Subject to: } 0 \leqslant x \leqslant 2, 0 \leqslant y \leqslant 3, y \leqslant -2x^4 + 2$$

实验使用的参数如下：初始的种群数 p=50，最大的迭代代数为 200，$k\text{-}d$ 树的最大深度为 12；历史知识的表的大小 w=5，$\alpha = \beta$ =0.45，φ =0.10，%p = 0.2，细胞排序表长最好设为 10。程序运行 100 次，每次当找到满意解（$f(x)$<-16.7）或迭代代数达到 200 时程序停止，如果一个解持续 15 代保持为最优解，则被认为陷入局部最优。程序运行示例如图 3.6 所示，将得到的结果与 Classical EP 方法得到的结果进行了比较，见表 3.1。

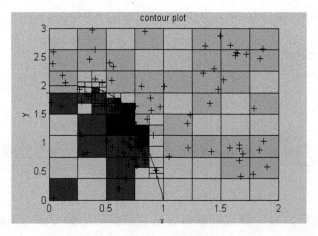

图 3.6　程序运行示例（best_x=0.716 318 966 807 96,best_y=1.472 443 988 095 87
bestpopv =-16.734 844 220 286 90, epoch =7）

表 3.1　算法运行结果统计比较

算法（每个运行 100 次）	平均迭代次数	迭代次数的标准偏差
Classical EP	>40 次	>30
Hier archical Ar ch itecture model	>8.61 次	>2.62
本章研究改进的算法结果	>8.2 次	>2.55

实验结果表明：所改进的算法不仅能处理非线性优化问题，而且具有较好的性能，与 Classical EP 方法需要平均迭代 40 次以上才能得到满意的解相比，本章研究改进的算法平均迭代次数为 8.2 次，且标准偏差为 2.55，与 Hierarchical Architecture model 方法相比，平均迭代次数和标准偏差分别降低了 4.76% 和 2.67%。这说明通过设计适当的机制去获取、提炼和充分利用约束知识，对进化算法来说非常重要。

3.4　算法的改进

本章提出了一种基于偏移量的进化规划算法，该算法与经典进化规划的区别主要是算法中的步骤（5），经典进化规划一般不使用重组或交叉算子，选择时一般不采用确定性选择方式，较多采用锦标赛选择机制，其具体步骤如下。

（1）从混合群体中依次选择每个个体 X_i。

（2）从 $2*p$ 个个体中随机选择出 C 个测试个体。

（3）计算个体 X_i 的得分 W_i。根据适应值的大小比较个体 X_i 与 C 个测试个体的优劣，记录 X_i 优于或等于 C 个测试个体的次数，便可得到个体 X_i 的得分 w_i，即：

$$w_i = \sum_{j=1}^{C} \omega_j$$

$$\omega_j = \begin{cases} 1 & f_i \text{优于或等于} f_j \\ 0 & \text{其他} \end{cases} \tag{3-8}$$

其中，C 表示竞争规模； f_i 和 f_j 分别表示个体 X_i 和个体 X_j 的适应值。

（4）重复步骤（1）、（2）和（3），直到 $2*p$ 个个体的得分都计算完毕为止。

（5）按得分 $w_i(i=1,2,\cdots,2*p)$ 的大小对所有个体进行排序，选择得分高的前 p 个个体组成新一代群体。

尽管该方法能保证最优个体的生存，因为最优个体总是能获胜或能获取最大的得分，但这可能通过和适应值相对应的排序，保证最佳的个体的生存能力，却割断了个体变化前后的联系。

因此，这种方法仅度量了在个体之间的优势顺序，未度量个体当前和以往之间的转移大小，这样极易产生多个相似的最优解，难以产生分布广泛的最优解。

为了保持种群的多样性，当计算适应值时，必须考虑个体的偏移量，所以，本章提出了偏移因子计算公式：

$$dv_i = dv_i + \left| x_i^{\text{current}} - x_i^{\text{previous}} \right| \tag{3-9}$$

在步骤（4）中进行计算，其中，x_i^{current} and x_i^{previous} 分别表示第 i 个个体当前和前一个最优适应值。

当个体通过局部比较它们的适应值，并有相同数目的得分数时，具有更大的转移因子的个体将可被优先选中。这是一个很重要的技术，使经典进化规划算法在所选定个体具有相同数目的得分数时，能快速适应新的进化路径。

为验证和改进算法的有效性，采用相同的实验参数，对上述问题重新进行了仿真实验，程序运行示例如图 3.7 所示，将得到的结果与 Classical EP 方法得到的结果进行了比较，见表 3.2。

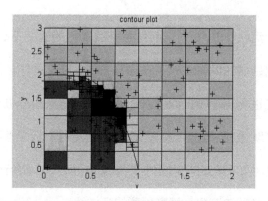

图 3.7　程序运行示例（best_x=0.716 309 558 988 25, best_y=1.471 455 535 450 25
bestpopv =-16.730 722 063 203 53, epoch =6）

表 3.2　算法运行结果统计比较

算法（每个运行 100 次）	平均迭代次数	迭代次数的标准偏差
Classical EP	>40 次	>30
Hier archi cal Ar chitecture model	>8.61 次	>2.62
本章研究改进的算法结果	>7.5 次	>2.14

从表 3.2 可以看出，本章研究改进的算法平均迭代次数只需要 7.5 次，且标准偏差为 2.14，与 Hierarchical Architecture model 方法相比，平均迭代次数和标准偏差分别降低了 12.9%和 14.5%。这说明在种群的进化过程中，一方面要保持最优个体的领头作用，另一方面要考虑个体的偏移因子。经过偏移因子作用后，算法不仅能较好地保持种群的多样性，而且跳出局部最优解的能力有明显改善。

3.5　本章总结

本章依据文化算法的主要特点，分析和设计了一种基于进化规划的文化算法，在求解复杂的约束优化问题方面，该算法在花费较低的情况下取得了较好的结果，这说明合适地利用领域知识可以改善进化算法的性能。同样，为达到问题的全局优化，算法也可在进化过程中提取领域知识，并用它来指导进化搜索，这和传统的进化算法形成了明显的对比。当然，我们还需要进一步完善该算法，将来工作的主要方向是对各种知识在进化过程中的相互作用进一步进行分析，充分设计和利用好信仰空间的各种知识源，提高种群的多样性。

第 4 章

文化粒子群优化算法

    本章是全书研究的重点内容之一，提出了一种协同进化计算模型——文化粒子群优化算法模型。该算法模型将粒子群优化算法纳入文化算法框架，组成基于粒子群优化算法的群体空间和信仰空间，这两个空间具有各自群体，并独立并行演化。本章根据粒子群优化算法的特点，将信仰空间分为四种知识源，并详细分析和设计了不同的影响因子，用来动态调节各种知识源在进化过程所起的作用。对于群体空间，分别提出了 3 种改进算法，即差分粒子群优化算法、自适应变异的差分粒子群优化算法和自适应柯西变异粒子群优化算法，分别用于解决连续空间无约束优化问题、约束优化问题和高维无约束优化问题。实验结果表明，充分设计和利用好信仰空间的各种知识源，对于提高算法的优化性能与搜索效率有重要的意义。

4.1 引言

尽管标准粒子群优化（PSO）算法具有易于描述、易于实现、运算速度快等特点，但它仍然存在许多不足，如收敛率不高、搜索精度不高等缺陷，尤其在复杂多峰问题中易陷入局部最优。虽然增大微粒数目对算法性能有一定改善，但不能从根本上解决问题，因此，PSO 算法的改进仍然是目前研究的重点。在实际应用中，技术人员总是希望优化算法的搜索结果为优秀，同时收敛率高、速度快和稳定性好，而且算法参数也易于设置和调整。但这些期望之间往往是矛盾的，多数时候只能采用一些折中的办法。

根据本书第 2 章的理论分析，本章提出了三种改进算法。其中，DPSO 算法是将差分变异机制引入到粒子群优化算法中所形成的一种新型的混合全局优化算法，该方法充分发挥了两个算法的互相作用，能够协调开发能力和探索能力之间的平衡，维持整个种群的多样性，降低了陷入局部最优的风险。在此基础上，进一步引入自适应变异算子，其主要思想是根据群体适应度方差来判断算法是否陷入局部搜索陷阱，对群体中的部分粒子进行变异，增强算法的全局搜索能力。对于高维复杂函数难以实现高效优化的问题，本章给出了另外一种改进措施，即对群体空间粒子群的进行使用分类变异策略：对较好的个体采用柯西变异，而不是高斯变异，从而在实施精细搜索的同时可以跳出局部最优解，其他个体采用高斯变异可以拓展搜索空间，使算法兼顾了全局搜索与局部搜索。最后，分别将三种改进算法纳入文化算法框架，形成协同进化计算模型——文化粒子群优化算法模型。通过一系列的典型测试函数的优化计算，对本章所提出的协同进化计算模型进行了实验研究和分析讨论。

4.2　差分进化算法

自然界的生物体在遗传、选择和变异的作用下优胜劣汰，不断地由低级向高级进化和发展，人们注意到这种适者生存的进化规律的实质可加以形式化而构成一种优化算法。由 Storn 和 Price 于 1997 年提出的差分进化算法（Differential Evolution，DE）是一种基于群体进化的算法，具有记忆个体最优解和种群内信息共享的特点，即通过种群内个体间的合作与竞争来实现对优化问题的求解，其本质是一种基于实数编码的具有保优思想的贪婪遗传算法。DE 算法有三个主要操作，即变异（Mutation）、交叉（Crossover）和选择（Selection），但是这些进化操作的实现和 GA 等其他进化算法是完全不同的。

算法首先在问题的可行解空间随机初始化种群 $X^0 = [x_1^0, x_2^0, \cdots, x_{N_p}^0]$，$N_{\mathrm{p}}$ 为种群规模。个体 $x_i^0 = [x_{i,1}^0, x_{i,2}^0, \cdots, x_{i,D}^0]$ 用于表征问题解，D 为优化问题的维数。算法的基本思想是：先对当前种群进行变异和交叉操作，产生另一个新种群；然后利用基于贪婪思想的选择操作对这两个种群进行一对一的选择，从而产生新一代种群。具体而言，首先对每一个在 t 时刻的个体 $\boldsymbol{x}_i^t$ 实施变异操作，得到与其相对应的变异个体 $\boldsymbol{v}_i^{t+1}$，即

$$\boldsymbol{v}_i^{t+1} = \boldsymbol{x}_{r_1}^t + F \times (\boldsymbol{x}_{r_2}^t - \boldsymbol{x}_{r_3}^t) \tag{4-1}$$

其中，r_1，r_2，$r_3 \in \{1,2,\cdots,N_p\}$，$r_1 \neq r_2 \neq r_3 \neq i$；$\boldsymbol{x}_{r_1}^t$ 为父代基向量；$(\boldsymbol{x}_{r_2}^t - \boldsymbol{x}_{r_3}^t)$ 称为父代差分向量；F 是一个介于[0,2]间的实型常量因子，一般称为缩放比例因子。$\boldsymbol{v}_i^{t+1}$ 的生成如图 4.1 所示。

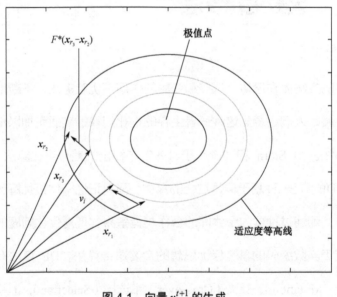

图 4.1 向量 v_i^{t+1} 的生成

然后，对 $\boldsymbol{x}_i^t$ 和由式（4-1）生成的变异个体 $\boldsymbol{v}_i^{t+1}$ 实施交叉操作，生成试验个体 $\boldsymbol{u}_i^{t+1}$，即

$$\boldsymbol{u}_{i,j}^{t+1} = \begin{cases} \boldsymbol{v}_{i,j}^{t+1}, & \text{randb} \leqslant \text{CR 或 } j = \text{randr}; \\ \boldsymbol{x}_{i,j}^t, & \text{其他} \end{cases} \tag{4-2}$$

$$i = 1,2,\cdots,N_p; j = 1,2,\cdots,D)$$

其中，randb 为[0,1]之间的均匀分布随机数；CR 为范围在[0,1]之间的交叉概率；randr 为$\{1,2,\cdots,D\}$之间的随机量。它保证 u_i 至少要从 v_i 中获得一个元素，否则就不会有新的向量生成，群体也就不会发生变化，DE 的交叉过程如图 4.2 所示。

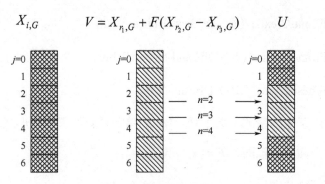

$$X_{i,G} \qquad V = X_{r_1,G} + F(X_{r_2,G} - X_{r_3,G}) \qquad U$$

图 4.2　DE 的交叉过程

接着对试验个体 u_i^{t+1} 和 x_i^t 的目标函数进行比较，对于最小化问题，则选择目标函数值低的个体作为新种群的个体 x_i^{t+1}，即：

$$x_i^{t+1} = \begin{cases} u_i^{t+1}, & f(u_i^{t+1}) < f(x_i^t); \\ x_i^t, & \text{其他} \end{cases} \qquad (4\text{-}3)$$

其中，f 为目标函数。从中可以看出，DE 算法中的选择操作是一种贪婪选择模式，当且仅当新的向量个体 u_i 的适应度值比目标向量个体 x_i 的适应度值更好时，u_i 才会被保留到下一代群体中。否则，目标向量个体 x_i 仍然保留在群体中，再一次作为下一代的父向量。

DE 算法还有一些其他的策略，可以用符号 DE、X、Y、Z 来区分。其中，X 是确定将要变化的向量，X 是 Rand 或 Best 分别表示随机在群体选择个体或选择当前群体中的最好个体。Y 是需要使用差向量的个数。Z 表示交叉模式，当 Z 是 bin 时，表示交叉操作的概率分布满足二项式形式；当 Z 是 exp 时，表示满足指数形式。Price 和 Storn 对 DE 算法共提出了如下十种策略。

（1）DE/best/1/exp；（2）DE/rand/1/exp；

（3）DE/rand-to-best/1/exp；（4）DE/best/2/exp；

（5）DE/rand/2/exp；（6）DE/best/1/bin；

（7）DE/rand/1/bin；（8）DE/rand-to-best/1/bin；

（9）DE/best/2/bin；（10）DE/rand/2/bin。

显然，由于差向量的个数不同，DE 的差向量有如下两种形式。

（1）一个微分向量时：$F \times (\boldsymbol{x}_{r_2} - \boldsymbol{x}_{r_3})$

（2）两个微分向量时：$F \times (\boldsymbol{x}_{r_2} - \boldsymbol{x}_{r_3}) + F \times (\boldsymbol{x}_{r_4} - \boldsymbol{x}_{r_5})$

考虑到最好个体的选择方式，DE 的变异操作有如下形式。

（1）DE/rand/1：$\boldsymbol{v}_i = \boldsymbol{x}_{r_1} + F \times (\boldsymbol{x}_{r_2} - \boldsymbol{x}_{r_3})$

（2）DE/best/1：$\boldsymbol{v}_i = \boldsymbol{x}_{\text{best}} + F \times (\boldsymbol{x}_{r_2} - \boldsymbol{x}_{r_3})$

（3）DE/rand-to-best/1：$\boldsymbol{v}_i = \boldsymbol{x}_i + F \times (\boldsymbol{x}_{best} - \boldsymbol{x}_i) + F \times (\boldsymbol{x}_{r_2} - \boldsymbol{x}_{r_3})$

（4）DE/rand/2：$\boldsymbol{v}_i = \boldsymbol{x}_{r_1} + F \times (\boldsymbol{x}_{r_2} - \boldsymbol{x}_{r_3}) + F \times (\boldsymbol{x}_{r_4} - \boldsymbol{x}_{r_5})$

（5）DE/best/2：$\boldsymbol{v}_i = \boldsymbol{x}_{\text{best}} + F \times (\boldsymbol{x}_{r_1} - \boldsymbol{x}_{r_2}) + F \times (\boldsymbol{x}_{r_3} - \boldsymbol{x}_{r_4})$

与传统的优化方法相比，差分算法具有以下特点。

（1）算法通用，不依赖问题信息。

（2）算法原理简单，容易实现。

（3）群体搜索，具有记忆个体最优解的能力。

（4）协同搜索，具有利用个体局部信息和群体全局信息指导算法进一步搜索的能力。

（5）易于与其他算法混合，构造出具有更优性能的算法。

这些特点使差分算法在诸如人工神经元网络、化工、电力、机械设计、机器人、信号处理、生物信息和运筹学等领域得到越来越多的关注。构成简单差分算法的要素主要有个体适应度评价、差分操作及参数设置等。

（1）适应度函数

在差分算法中，差分操作主要是通过适应度函数（Fitness Function）的导向来实现的。它是用来评估一个个体相对于整个群体的优劣的相对值的大小的。

（2）基本差分算法通常使用以下三种差分操作。

① 选择操作：按照某种策略从父代中挑选个体进入中间代。

② 杂交操作：随机地从中间群体中取得两个个体，并按照某种交叉策略使两个个体互相交换部分个体代码，从而形成两个新的个体。

③ 变异算子：通常按照定的加权因子，改变个体中的某些代码的值。

（3）差分算法的运行参数中，以下三个运行参数需要提前设定。

① 群体大小（N_P），即群体中所含个体数量。一般来说，群体规模越大，算法搜索能力就越强，但大的群体规模也需要大量的运算，因此，N_P 大小推荐选取由问题空间决定的维度 D 的 3 到 10 倍。

② 放缩因子（F）的选择应该不小于某一特定值，这样才能够有效地避免算法过早收敛。较大的 F 增加了从局部最优逃脱的可能性，然而，若 $F>1$，算法的收敛速度会明显降低。对一个群体来说，当扰动大于两个成员间的距离时，收敛

会更困难。经验表明，F 最好在 0.4 和 1.0 之间选取，一个比较好的初始值是 F=0.6。

③ 变异概率（CR）。交叉常量 CR 的值较大常常会加速收敛，一般情况下，交叉常量较好的选择是[0.3,0.9]之间，CR=0.5 就是，个不错的选择。这三个参数对差分算法的求解结果和求解效率都有很大的影响。因此，要合理设定这些参数才能获得较好的效果。

4.3 文化差分粒子群优化算法

根据第 2 章的 2.3.1 节分析知，虽然 PSO 算法发展迅速，并取得了较好的研究成果，但如何加快算法的收敛速度和避免早熟收敛问题，一直是大多数研究者关注的重点。Van den Bergh 提出了 Multistart PSO 算法，每次迭代若干次后，保留微粒群的历史最优位置，微粒全部重新初始化，以提高微粒的多样性，扩大搜索空间，摆脱局部最优点的吸引，保证收敛到全局最优。Zhang W 等人将差分进化算子变异引入 PSO 算法中，并采用 PSO 算法和变异操作交替迭代的方式。但微粒群的全部初始化将会完全破坏当前微粒的结构，而 PSO 算法和变异操作交替迭代也可能会破坏 PSO 算法在正常寻优情况下微粒的结构，导致收敛速度减缓，而搜索精度也可能降低，不能体现 PSO 算法本身的优势。郑小霞等人提出一种基于差分进化算子变异的改进微粒群算法，但只是在微粒群发现的全局最大适应值连续多代没有改进时，引入变异操作改变微粒的位置，进而改变微粒的前进方向，让微粒进入其他区域进行搜索。但对于复杂多模态函数而言，没有在进化前期培养微粒的探测（全局搜索）能力，并增强种群的多样性，难以保证算法的全局收敛。

鉴于此，本章通过有机地将差分进化理论和粒子群算法结合起来，提出了一种差分粒子群优化算法（Differential Particle Swarm Optimization，DPSO），该算法种群的邻域结构的大小为 3，每个微粒的邻居随机产生于其他微粒，这样可以增大微粒的探测（全局搜索）能力。每个微粒位置的更新，按一定的变异概率产生来自不同于该微粒的三个微粒，三个微粒位置的组合形成下一代，这样只要改变其当前位置，可以使陷入局部极小的微粒逃出，增加微粒的多样性以保证算法的全局收敛。同时，为该算法提供一种新的文化进化机制，将该算法作为群体空间设计了一种适合于全局优化的文化算法（Cultured Differential Particle Swarm Optimization，CDPSO），使其在陷入局部最优时，能以更大概率跳出局部最优位置，进入解空间的其他区域进行搜索，可大大增强 PSO 算法的全局搜索能力。

4.3.1 群体空间的进化：差分粒子群优化算法

作为一种新的全局优化进化算法，粒子群优化算法 PSO 在该算法中将每个粒子看作在 n 维搜索空间中所求问题的一个潜在解，并在搜索空间中以一定的速度飞行。每个粒子的飞行速度由其自身的飞行经验和群体的飞行经验调整而得，其中第 i 个粒子可表示为 1 个 n 维向量 $X_i=(x_{i1},x_{i2},\cdots,x_{in})$，$(i=1,2,\cdots,m)$，$m$ 表示群体的规模，第 i 个粒子的飞翔速度也可表示为 1 个 n 维向量 $V_i=(v_{i1},v_{i2},\cdots,v_{in})$。记第 i 个粒子迄今为止搜索到的最优位置为 $P_{\text{best}i}=(p_{i1},p_{i2},\cdots,p_{in})$，则整个粒子群迄今为止搜索到的最优位置为 $P_{best}=(p_{g1},p_{g2},\cdots,p_{gn})$，每个粒子的位置和速度迭代公式分别为：

$$V_{id} = \omega * V_{id} + \eta_1 * r_1() * (P_{id} - X_{id}) + \eta_2 * r_2() * (P_{gd} - X_{id}) \qquad (4\text{-}4)$$

$$X_{id} = X_{id} + V_{id} \qquad (4\text{-}5)$$

其中，X_{id}，V_{id} 分别表示第 i 个粒子在 d 维方向上的位置和速度；η_1，η_2 分别为加速系数，η_1 为调节粒子向自身最好位置飞行的步长，η_2 为调节粒子向全局最好位置飞行的步长；$r_1()$，$r_2()$ 是[0,1]之间的随机数；ω 为非负数，被称为惯性因子，用于平衡全局搜索能力和局部搜索能力。Shi 和 Eberhart 研究发现，ω 较大时，算法具有较强的全局搜索能力，ω 较小时，算法倾向于局部搜索。算法中将惯性因子线性地减少，其变化公式为：

$$\omega = \omega_{max} - run \frac{(\omega_{max} - \omega_{min})}{runMAX} \qquad (4\text{-}6)$$

其中，run 为当前迭代次数，runMAX 为最大迭代次数。通常取 ω_{max} 为 0.9，ω_{min} 为 0.4。

然而，与其他全局优化算法（如遗传算法）一样，基本的粒子群优化算法容易陷入局部最优，因此同样存在早熟收敛现象，尤其是在比较复杂的多峰搜索问题中。

根据 4.2 节差分进化算法的基本原理可知，差分进化是从当前群体中随机选择两个个体，并将它们的差分向量给第三个个体。因此，该算法实质上是估算该区域梯度（而不仅仅是在一个点），这对自我调节变异算子而言是一种非常有效的方式。其中，DE/rand/1/bin 策略是应用差分进化算法来解决问题的首选方法。为此，本章采用了这个版本，其算法流程如下。

DE/rand/1/bin 算法流程：

（1）初始化参数 D，N_P，F，CR。

（2）在决策空间中随机生成初始群体。

（3）计算每个个体的适应度值。

（4）随机选择三个不同的个体 x_{r_1}，x_{r_2}，x_{r_3}（$r_1 \neq r_2 \neq r_3 \neq i$）。

（5）进行变异操作：$v_i = x_{r_1} + F \times (x_{r_2} - x_{r_3})$，$i=1,2,\cdots,N_p$。

（6）进行交叉操作：

$$u_{i,j}^{t+1} = \begin{cases} v_{i,j}^{t+1}, & \text{randb} \leqslant \text{CR} \ \text{或} \ j = \text{randr} \\ x_{i,j}^t, & \text{其他} \end{cases}$$ 　　　（4-7）

$$(i = 1,2,\cdots,N_p; j = 1,2,\cdots,D)$$

（7）进行选择操作：当新的向量个体 u_i 的适应度值比目标向量个体 x_i 更好时，保留 u_i 到下一代群体中，否则，目标向量个体 x_i 仍然保留在群体中，再一次作为下一代的父向量。

（8）如果到达最大迭代次数或满足误差要求时，退出；否则，返回流程（3）。

差分进化算法的主要特点在于其新的候选解的生成。每一个新的个体的产生是随机从群体中选择出父个体的线性组合，而不像 PSO 算法一样由单个父个体所产生。这将有利于保持种群的多样性。然而，差分进化算法的演化机制完全取决于对进化过程中的新个体的产生，而对参与繁殖的父个体不进行预优化处理。因此，计算效率较低。

为了保持差分进化算法和 PSO 算法两者的优势，我们将微分变异机制引入

PSO 算法中，并开发出一种更有效的算法，称为差分粒子群优化算法（Differential PSO，DPSO），其中粒子的位置更新可根据如下公式进行：

$$X_{id} = \begin{cases} Xr_3 d + F \cdot (Xr_1 d - Xr_2 d) + V_{id} & \text{randb} < \text{CR 或 } d = \text{randr} \\ X_{id} + V_{id} & \text{其他} \end{cases} \quad (4\text{-}8)$$

下面给出差分粒子群优化算法的算法流程。

（1）初始化粒子群，包括群体规模 m，每个粒子的位置 X_i 和速度 V_i；

（2）计算每个粒子的适应度值 Fit_i；

（3）对每个粒子，用它的适应度值 Fit_i 和个体极值 $P_{\text{best}i}$ 比较，如果 $\text{Fit}_i > P_{\text{best}i}$，则用 Fit_i 替换掉 $P_{\text{best}i}$，否则保留 $P_{\text{best}i}$；

（4）对每个粒子，用它的适应度值 Fit_i 和全局极值 G_{best} 比较，如果 $\text{Fit}_i > G_{\text{best}}$，则用 Fit_i 替换 G_{best}，否则保留 G_{best}；

（5）根据式（4-4）、式（4-6）和式（4-7）分别更新粒子的速度 V_i、惯性因子 ω 和位置 X_i；

（6）如果满足结束条件（误差够好或达到最大迭代次数），退出，否则返回流程（2）。

根据以上分析可以看出，这种做法实际上是依据式（4-8）将一随机变异算子引入到 PSO 算法，通过该变异算子来保持种群多样性，提高粒子群优化算法的开发和探寻能力，这也是我们将它作为群体空间的重要原因。

4.3.2 信仰空间的设计和作用

针对粒子群优化算法的特点，本章将信仰空间划分为四种知识源，并详细分析和设计了不同的影响因子用来动态调节各种知识源在进化过程中所起的作用，具体设计如下。

（1）情形知识：情形知识包含进化过程中所发现的最优粒子 G_{best}，它是其他粒子所要跟随的领头个体，使情形知识能决定群体空间进化的方向和步长，它对群体空间进化的影响可设计为：

$$x_{id}^{'} = \begin{cases} x_{id} + \left| (x_{id} - P_{gd}) * N_{id}(0,1) \right|; & x_{id} < P_{gd} \\ x_{id} - \left| (x_{id} - P_{gd}) * N_{id}(0,1) \right|; & x_{id} > P_{gd} \end{cases} \qquad （4\text{-}9）$$

其中，x_{id} 是群体空间中第 i 个粒子的第 d 维取值，p_{gd} 是存储于情形知识中的最优粒子 G_{best} 的第 d 维取值，$N_{id}(0,1)$ 是依据群体空间的特点所设计的一个满足一维正态分布的随机数，目的是使子代能更好地接近所发现的最好点，情形知识的更新可以用当前所发现的最好粒子 x_{best} 代替所存储的粒子 G_{best}，当且仅当 x_{best} 比 G_{best} 更好。

（2）规范化知识：用来表示第 i 个粒子迄今为止搜索到的最优位置为 $P_{best i}=(p_{i1},p_{i2},\cdots,p_{in})$ 时速度变量的参数范围，目的是使新的速度变量朝这些区间变化，因此，规范知识可以用图 4.3 所示的数据结构来表示。

l_{i1}	l_{i2}	$\cdots$	l_{id}	$\cdots$	l_{in}
u_{i1}	u_{i2}	$\cdots$	u_{id}	$\cdots$	u_{in}

图 4.3　规范化知识的数据结构

其中，l_{id}, u_{id} 分别表示 $P_{best i}$ 的第 d 维速度变量的下限和上限，规范化知识对群体空间进化的影响规则可描述如下：

$$v_{id}' = \begin{cases} v_{id} + \left| (u_{id} - l_{id}) * N_{id}(0,1) \right| & v_{id} < l_{id} \\ v_{id} - \left| (u_{id} - l_{id}) * N_{id}(0,1) \right| & v_{id} > u_{id} \\ v_{id} + \left| (u_{id} - l_{id}) \right| * N_{id}(-1,1) & \text{其他} \end{cases} \quad （4\text{-}10）$$

规范化知识的更新可以用当前粒子所发现最优位置 $P_{\text{best}i}'$ 所对应的速度参数的区间范围去代替所存储的 P_{best} 所对应的速度参数的区间范围。

（3）地形知识：地形知识的作用是创建一幅在进化过程中适应值的地貌图，它包含一系列细胞，每一个细胞中均可找到最好的个体，并可依据细胞中最好个体适应值的大小得到一张优秀细胞排序表。对于多维的地形知识结构，在设计时采用 $k\text{-}d$ 树或 k 维二叉树来表示，如图 4.4 所示。在 k 维二叉树中，每一个结点最多只有二个子代，每个结点的数据结构如图 4.5 所示，包括第 i 个粒子 n 维速度变量的下限和上限、其间的最好位置和指向其子代的指针。由于地形知识已标记了每一步的已知值，这样就可以检测到是否有变化的事件发生。

A
B C
D E F G
H I J K L M N O

图 4.4　地形知识数据结构

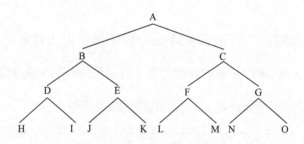

区间下限（$l_{c1}, l_{c2}, \cdots, l_{cn}$）
区间上限（$u_{c1}, u_{c2}, \cdots, u_{cn}$）
最优位置（$x_{c1}, x_{c2}, \cdots, x_{cn}$）
指向子代的指针：null

图 4.5　每个结点的数据结构

　　如果在细胞中发现更好的解，并且树的深度没有达到最大值时，可将该细胞一分为二，标记新产生的细胞，同时用得到的结果更新优秀细胞排序表，从而使地形知识得到更新。地形知识对群体空间进化的作用是使子代趋向于优秀细胞排序表中的任何一个细胞，可表示为：

$$x_{id}^{'} = \begin{cases} x_{id} + \left| (u_{cd} - l_{cd}) * N_{id}(0,1) \right| & x_{id} < x_{cd} \\ x_{id} - \left| (u_{cd} - l_{cd}) * N_{id}(0,1) \right| & x_{id} > x_{cd} \end{cases} \quad （4\text{-}11）$$

其中，l_{cd}, u_{cd} 分别是细胞 c 中第 d 维速度变量的下限和上限，细胞 c 可随机从优秀细胞排序表中选取。

　　（4）历史知识：历史知识主要用于表示进化过程中环境发生变化时，粒子群的位置和速度在搜索空间上所产生的偏移，其结构如图 4.6 所示，表中包含一系列变化事件 e_k（其中存放第 k 次环境变化之前每个粒子所得到的最优位置和速度）及每个粒子迄今为止搜索到最优位置所产生的平均偏移距离 dp_{id} 和平均偏移速度 dv_{id}，其存放的事件数量设为 w。

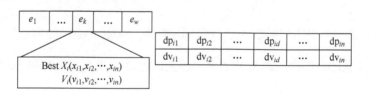

图 4.6　历史知识的结构

　　在研究中，如果一个解持续 p 代保持为最优解，则被认为陷入局部最优，此时，历史知识可用来调节位置和速度的偏移，其对群体空间进化的影响函数可描述为：

$$x_{id}^{'} = \begin{cases} e_k.v_{id} + \mathrm{dv}_{id} * \mathrm{random}(0,1) & \text{对于} \alpha\% \text{的时间} \\ e_k.v_{id} + \mathrm{dp}_{id} * \mathrm{random}(-1,1) & \text{对于} \beta\% \text{的时间} \end{cases} \quad （4\text{-}12）$$

其中，$dp_{id}=\dfrac{\sum\limits_{k=1}^{w-1}\left|e_{k+1}.p_{id}-e_k.p_{id}\right|}{w-1}$ ，$dv_{id}=sgn(\sum\limits_{k=1}^{w-1}sgn(e_{k+1}.dv_{id}-e_k.dv_{id}))$

random($-1,1$)是在[$-1,1$]范围内均匀产生的随机数，函数 sgn()为信号函数，在这里可采用轮盘赌的方法来决定新产生的粒子如何偏移。其中，α%的时间是速度上的偏移，β%的时间是距离上的偏移。

4.3.3 接受函数

接受函数用来选择可以直接影响目前信仰空间形成的个体。就像在社会的进化过程中，不同类型的知识可以由不同的人提供，在文化的算法中，不同的区域知识可以受不同个体的影响。为此，Saleem 设计了一个动态接受函数，用来计算可接受为用来更新信仰空间的个体数量。随着迭代次数的增加，可接受个体的数量减少。本章采用以下动态函数：

$$n_{\text{accepted}} = \left\lfloor \%p * \text{popsize} + \frac{(1-\%p) * \text{popsize}}{g} \right\rfloor \tag{4-13}$$

其中，%p 是一个由用户给定的(0,1]范围的参数，Saleem 推荐使用 0.2。g 是一个迭代次数计数器，但微粒群发现的全局最大适应值连续 p 代没有改善时，将被设置为 1。

4.3.4 影响函数

本章影响函数的设计方法如第 3 章 3.4 节，不再赘述。

综上所述，本章提出的基于粒子群优化算法求解数值优化问题的文化协同计算模型框架如图 4.7 所示。

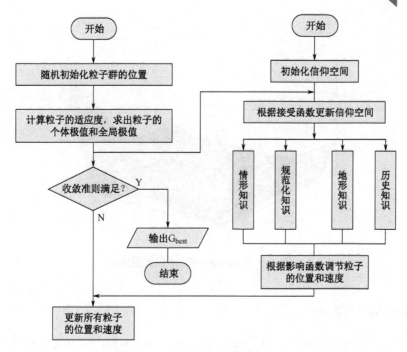

图 4.7　文化协同计算模型框架

4.3.5　数值实验

为验证算法的有效性，本章选择一组典型测试函数进行仿真计算，测试函数描述如下。

Goldstein-Price 函数为：

$$f(x_1, x_2) = (1 + (x_1 + x_2 + 1)^2 (19 - 14(x_1 + x_2) + 3(x_1 + x_2)^2))$$
$$* (30 + (2x_1 - 3x_2)^2 (18 - 32x_1 + 12x_1^2 + 48x_2$$
$$- 36x_1 x_2 + 27x_2^2)) - 2 \leqslant x_i \leqslant 2 \qquad （4-14）$$

该函数有 4 个局部最优解，其中，(0,-1)为全局最小点，最小值为 3，如图 4.8 所示。

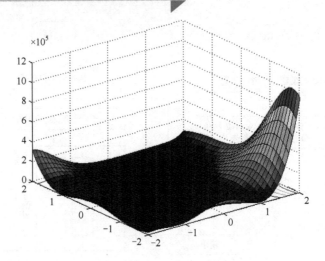

图 4.8　Goldstein-Price 函数图像

humpback 函数为：

$$f(x_1, x_2) = 4x_1^2 - 2.1x_1^4 + x_1^6 / 3 + x_1 x_2 - 4x_2^2 + 4x_2^4 - 5 \leqslant x_i \leqslant 5 \quad （4\text{-}15）$$

该函数有 6 个局部最优解，其中，(-0.089 8,0.712 6)和(0.089 8,-0.712 6)为全

局最小点，最小值为-1.031 628 5，如图 4.9 所示。

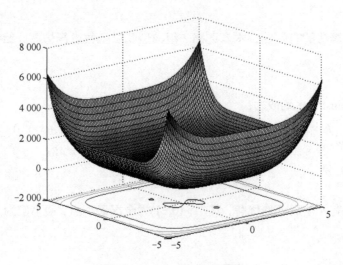

图 4.9　humpback 函数图像

二维 Timbo2 函数为：

$$f(x_1, x_2) = 1 + ((x_1 - 0.2)^2 + (x_2 - 0.1)^2)^{0.25} - \cos(5\pi((x_1 - 0.2)^2 + (x_2 - 0.1)^2)^{0.5}), \quad -10 \leqslant x_i \leqslant 10 \tag{4-16}$$

该函数有一系列狭窄的山谷极值，与全局最小值相比，仅有微弱的优势，如图 4.10 所示。该函数已被证明是一个很好的用于测试算法是否趋于早收敛的函数，它在（0.2,0.1）处有一个单个最小值 0。

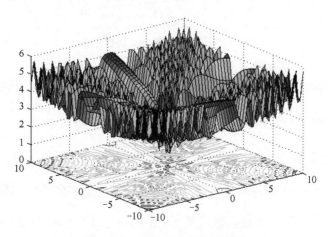

图 4.10 二维 Timbo2 函数图像

n 维 potholes 函数为：

$$f(\vec{X}) \sqrt{\sqrt{\sum_{i=1}^{n}(x_i + 8)^2 + 0.1} * \sqrt{\sum_{i=1}^{n}(x_i + 2)^2 + 0.2} * \sqrt{\sum_{i=1}^{n}(x_i - 3)^2}}, \quad -10 \leqslant x_i \leqslant 10 \tag{4-17}$$

该函数的主要特征是在由两个局部极小值合并组成的宽盆地之外的一狭窄的区域，具有一个全局最小值，并且该函数具有能用任意维数描述的优势，所以可用来测试一个算法对维数的灵敏性。该函数在每一个 x 取值为 3 时有单个最小值 0。二维 potholes 函数图像如图 4.11 所示。

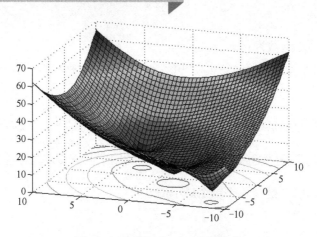

图 4.11　二维 potholes 函数图像

实验使用的参数如下：ω=[0.4,0.9]，$\eta_1 = \eta_2$ =2，差分进化因子 F=0.8，CR=0.5。k-d 树的最大深度为 12，优秀细胞排序表的大小为 10，历史知识表的大小 w=5，α =0.6，β = 0.4，p=15；对每一个问题，程序独立运行 30 次，除函数 potholes 外，每次当找到最优解 ± 0.01 或迭代代数达到 500 时程序停止；对于函数 potholes，每次当找到最优解 ± 0.1(2D)、± 0.3(4D)、± 0.5(6D)或迭代代数达到 500 时，程序停止。将得到的结果和 Hendtluss 得到的结果进行了比较，如表 4.1 所示，SAC=成功次数/平均迭代次数（包括成功和失败），该数值越大，算法性能越好。

表 4.1　算法运行结果统计比较

函数	种群数目	算法	成功率（%）	平均迭代次数（次）	SAC（%）
Goldstein-Price	20	Swarm only	99.9	57.6	1.72
		DE only	99.4	9.14	4.11
		Swarm+DE	100	26.62	3.01
		CDPSO	100	24.48	4.08

续表

函数	种群数目	算法	成功率（%）	平均迭代次数（次）	SAC（%）
Camel back	10	Swarm only	99.8	93.53	1.06
		DE only	4.9	15.04	0.01
		Swarm+DE	100	55.96	1.19
		CDPSO	100	52.03	1.84
Timbo2	20	Swarm only	14.5	255.5	0.03
		DE only	0	0	0
		Swarm+DE	97.5	61.13	1.09
		CDPSO	99.8	62.13	1.10
2D potholes	40	Swarm only	99.9	16.62	5.84
		DE only	4.52	37.76	0.04
		Swarm+DE	100	11.79	5.65
		CDPSO	100	11.20	5.67
4D potholes	80	Swarm only	95.5	103.4	0.79
		DE only	0.5	231	0
		Swarm+DE	98.2	78..29	0.91
		CDPSO	99.5	71.97	0.96
6D potholes	120	Swarm only	88.6	167.8	0.43
		DE only	0.1	96	0
		Swarm+DE	92.3	156.5	0.34
		CDPSO	95.5	158.5	0.38

4.3.6　结果分析

实验结果表明，Goldstein-Price 函数是一个比较简单的函数，所讨论的四种算法都取得了比较好的结果，而差分进化算法获得成功的平均迭代次数远比其他算法少，性能更好。Camel back 函数对差分进化算法是一个比较难的函数，差分进化算法性能最差，而我们研究的算法性能优于其他三种算法。对于 The Timbo2 函数，由于多个局部极小值的出现，且与全局最小值相差甚微，群体智能算法和差分进化算法表现并非都很出色，本章所研究的算法比过去的算法有所改善，但并不明显。potholes 函数在 x_i=-2 处的极小值具有宽且平缓的梯度，使许多算法一旦找到局部极小时，面临快速失去种群多样性的趋势，而全局最优却在 x_i =3 这一狭窄的区域，差分进化算法的性能比较差，尤其是当维数超过 2 时，我们的进化算法在三个性能指标上优于其他三种智能算法，特别在 4 维和 6 维的情况下。然而，评价次数的增加会导致群体智能算法在第三个性能指标上取得较好的结果。

4.4　群体空间进化算法的改进

4.4.1　自适应变异的差分粒子群优化算法

对于约束优化问题，由于约束条件的限制而极难优化，这不仅需要加强全局搜索能力，而且要求一旦定位到最优解的大致位置，还需要加强局部搜索能力，即加强精细的局部搜索。因此，如何避免过早停滞和加强搜索能力是解决复杂问题的关键。在 4.3 节提出的文化差分粒子群优化算法的基础上，在群体空间引入自适应变异机制，其主要思想是根据群体适应度方差来判断算法是否陷入局部搜索陷阱，对群体中的部分粒子进行变异，增强算法的全局搜索能力。

4.4.1.1　自适应变异机制

为了定量描述粒子群的状态，我们给出适应度方差的定义，设粒子群的粒子

数目为 m，f_i 为第 i 个粒子的适应度，f_{avg} 为粒子群目前的平均适应度，σ^2 为粒子群的群体适应度方差，则 σ^2 可以定义为：

$$\sigma^2 = \sum_{i=1}^{m}(\frac{f_i - f_{avg}}{f})^2 \tag{4-18}$$

其中，$f_{avg} = \dfrac{1}{m}\sum_{i=1}^{m}f_i$，$f$ 是归一化定标因子，其作用是限制 σ^2 的大小，其取值是随算法的进化而不断变化的，要求是粒子群 $\left|f_i - f_{avg}\right|$ 最大值不大于 1，其计算式为：

$$f = \begin{cases} \max\left\{\left|f_i - f_{avg}\right|\right\} & \max\left\{\left|f_i - f_{avg}\right|\right\} > 1 \\ 1 & \text{其他} \end{cases} \tag{4-19}$$

自适应变异的差分粒子群优化算法通过研究粒子群群体适应度方差变化来跟踪粒子群的状态。群体适应度方差 σ^2 反映的是粒子群中所有粒子的收敛程度。σ^2 越小，则粒子群越趋于收敛；反之，粒子群则处于随机搜索阶段。在粒子群优化算法运行中，如果群体适应度方差等于 0，并且此时得到的最优解不是理论最优解或者期望最优解，则粒子群陷入局部最优，算法出现早熟收敛。如算法出现早熟收敛，全局极值一定是局部最优解。结合式（4-4），若此时改变全局极值 G_{best}（变异操作），就可改变粒子的前进方向，从而让粒子进入其他区域进行搜索。在其后的搜索过程中，算法就可能发现新的个体极值及全局极值。如此循环，算法就可以找到全局最优解，这就是自适应变异机制的基本思想。

4.4.1.2 变异操作

考虑到在当前 G_{best} 的作用下可能发现更好的位置，因此，新算法将变异操作设计成一个随机算子，即对满足变异条件的 G_{best} 按一定的概率 P_m 进行变异。P_m 的计算公式如下：

$$P_m = \begin{cases} k & \sigma^2 < \sigma_d^2 \text{ 且 } f(G_{\text{best}}) > f_d \\ 0 & \text{其他} \end{cases} \tag{4-20}$$

其中，k 可取[0.1,0.3]之间的任意数值。σ_d^2 的取值与实际问题有关，一般远小于 σ^2 的最大值，f_d 可以设置为理论最优值，这里考虑的是最小化的情况。

对于 G_{best} 的变异操作，则采用增加随机扰动的方法：

$$P_{gd} = P_{gd} * (1 + 0.5 * \eta) \tag{4-21}$$

其中，P_{gd} 为 G_{best} 的第 d 维取值，η 是服从 Gauss(0,1)分布的随机变量。

为此，一种基于群体适应方差的自适应变异的差分粒子群优化算法被提出，该算法步骤如下。

（1）随机初始化粒子的位置与速度。

（2）将粒子的 P_{best} 设置为当前位置，G_{best} 设置为初始群体中最佳粒子的位置。

（3）对粒子群中的所有粒子，执行如下操作：

1）根据式（4-4）、（4-6）和（4-7）更新粒子的速度、惯性因子与位置；

2）如果粒子适应度优于 P_{best} 的适应度，P_{best} 设置为新位置；

3）如果粒子适应度优于 G_{best} 的适应度，G_{best} 设置为新位置；

（4）根据式（4-18）、（4-19）计算群体适应度方差 σ^2，并计算 $f(G_{\text{best}})$；

（5）根据式（4-20）计算变异概率 P_m；

（6）产生一个随机数 $r \in [0,1]$，如果 $r < P_m$，按式（4-21）执行变异操作；

（7）判断算法收敛准则是否满足，如满足，输出 G_{best}，算法运行结束，否则，转向步骤（3）。

从上述流程可以看出，自适应变异的差分粒子群优化算法实际上是在差分粒子群优化算法的基本框架中增加了随机变异算子，通过对 G_{best} 的随机变异来提高粒子群优化算法跳出局部最优解的能力，这也是本章将该算法作为群体空间的主要原因。

4.4.1.3 数值实验

在研究自适应变异的差分粒子群优化算法基础上，将其纳入文化算法计算框架，提出了一种新颖的文化自适应变异的差分 PSO 算法（A Cultural Algorithm with Adaptive Differential Particle Swarm Optimization，CADPSO），使其在信仰空间各类知识的指导下，协调全局搜索能力与局部搜索能力的平衡，使算法能快速收敛得到最优解。为检验算法的有效性，本章对国际上一般采用的 13 个标准（benchmark）测试函数（g01～g13）进行了实验研究（测试函数见附录 A）。在 13 个测试函数中，测试函数 g02 主要考察进化算法的搜索能力，因为其目标函数维数较高，并且拓扑结构非常复杂；测试函数 g03、g05、g11 和 g13 主要考察约束处理能力，因为它们具有等式约束条件；其他函数主要考察约束优化进化算法的综合能力。

算法参数设置为：最大迭代次数=1 000，粒子群的粒子数目 m=50，ω_{max}=0.9，ω_{min}=0.4，k=0.3，$\eta_1 = \eta_2$=2；差分进化因子 F=0.8，CR=0.5；k-d 树的最大深度为 12，优秀细胞排序表的大小为 10，历史知识表的大小 w=5，α=0.6，β=0.4，p=15。对每一个问题，程序独立运行 30 次，并对几种性能指标（最好结果、平均结果、最差结果和解的标准方差）进行了测试，现将计算结果列于表 4.2 中。

4.4.1.4 结果分析

我们将实验结果同 SR 算法和 CDE 算法（它们是到目前为止众所周知的两个最好的约束优化进化算法）进行了总结和比较，SR 算法需要 350 000 次（适应度函数的评估）迭代计算才能得到表中的结果，CDE 算法需要 100 100 次迭代计算，而我们提出的算法仅需要 98 510 次迭代计算。

表 4.2　13 个 Benchmark 问题的测试结果比较

测试函数		最优值	方法	结果			
				最好结果	平均值	最差结果	均方差
g01	Min	−15.000 000	SR	−15.000	−15.000	−15.000	0.0
			CDE	−14.999 863	−14.999 351	−14.998 283	3.33E-04
			CADPSO	−15.000	−15.000	−15.000	0.0
g02	Max	0.803 619	SR	0.803 515	0.781 975	0.706 288	2.0E-02
			CDE	0.793 829	0.735 590	0.620 843	4.994E-02
			CADPSO	0.798 614	0.761 645	0.717 135	3.31E-02
g03	Max	1.000 000	SR	1.000 000	1.000 000	1.000 000	1.9E-04
			CDE	1.000 000	0.896 800	0.692 72	8.099E-02
			CADPSO	1.000 000	0.994 502	0.897 23	4.301e-06
g04	Min	−3 0665.539	SR	−3 0665.539	−30 665.539	−30 665.539	2.0E-05
			CDE	−30 665.538 67	−30 665.538 67	−30 665.53 867	0.0
			CADPSO	−30 665.539	−30 665.539	−30 665.539	0.0
g05	Min	5 126.498 1	SR	5 126.497	5 128.881	5 142.472	3.5
			CDE	5 126.558 552	5 198.202 774	5 328.865 946	59.633 275
			CADPSO	5 126.498 034	5 129.468 273	5 145.789 315	5.1042

续表

测试函数		最优值	方法	结果			
				最好结果	平均值	最差结果	均方差
g06	Min	−6 961.813 8	SR	−6 961.814	−6 875.94	−6 350.262	160
			CDE	−6 961.813 876	−6 961.813 876	−6 961.813 876	0.0
			CADPSO	−6 961.813 854	−6 961.813 854	−6 961.813 854	0.0
g07	Min	24.306 209	SR	24.307	24.374	24.642	6.6E-02
			CDE	24.575 518	24.575 520	24.575 526	2.0E-06
			CADPSO	24.306 531	24.371 354	24.574 506	4.31E-02
g08	Max	0.095 825	SR	0.095 825	0.095 825	0.095 825	2.6E-17
			CDE	0.095 825	0.095 825	0.095 825	0.0
			CADPSO	0.095 825	0.095 825	0.095 825	0.0
g09	Min	680.630 057	SR	680.63	680.656	680.763	3.4E-02
			CDE	680.630 057	680.630 057	680.630 057	0.0
			CADPSO	680.630 057	680.630 057	680.630 057	0.0
g10	Min	7049.3307	SR	7 054.316	7 559.192	8 835.665	530
			CDE	7 049.248 134	7 049.248 489	7 049.249 942	3.62E-04
			CADPSO	7 049.408 455	7 059.102 387	7 101.396 245	48.227
g11	Min	0.750 00	SR	0.750 00	0.750 00	0.750 00	8.0E-05
			CDE	0.750	0.777 469	0.898 055	4.456E-02
			CADPSO	0.749	0.749	0.749	0.0
g12	Max	1.000 000	SR	1.000 000	1.000 000	1.000 000	0.0
			CDE	1.000 000	1.000 000	1.000 000	0.0
			CADPSO	1.000 000	1.000 000	1.000 000	0.0
g13	Min	0.053 949 8	SR	0.053 957	0.057 006	0.216 915	3.1E-02
			CDE	0.056 18	0.288 324	0.392 10	1.6123E-01
			CADPSO	0.071 498	0.426 872	0.897 586	2.017E-01

从表4.2可以看出，对于测试函数 g01、g04、g05、g08、g11 和 g12，三种算

法得到的结果不相上下。但在大多数情况下，我们的算法具有较低的标准方差，这说明改善了 SR 算法和 CDE 算法的鲁棒性。但我们注意到，对于测试函数 g06、g07、g09 和 g10，我们算法的性能优于 SR 算法，即使和 CDE 算法相比也是有竞争力的。相反，SR 算法在测试函数 g02、g03 和 g13 中表现出较强的健壮性，但我们的算法在测试函数 g02 和 g03 表现的性能优于 CDE 算法。

上述实验结果充分说明，只有同时充分发挥处理和表达领域知识和进化算法的作用，约束优化进化算法才能取得较好的效果。同时，为了求得一个问题的全局最优，这样的领域知识可在进化过程中提取，这与传统的依靠使用在进化算法运行前获取领域知识的做法形成鲜明的对比。

4.4.2　自适应柯西变异粒子群优化算法

作为群体智能的代表性方法之一，粒子群优化算法在低维空间的函数寻优问题上具有求解速度快、质量高的特点，但是一旦目标函数的维数增加，则导致效果不如意，其优化性能便急剧下降，极易陷入局部最优解。为此，提出了不少关于该算法的改进策略，主要的改进有线性调整惯性因子的粒子群优化算法、带压缩因子的粒子群优化算法、模糊自适应粒子群优化算法、协同粒子群优化算法、具有学习策略的粒子群优化算法等。这些算法从不同方面对粒子群优化算法进行了改进，不同程度地提高了粒子群优化算法的性能，但是在函数的维数较大时，效果还是不理想。

对于高维复杂函数难以实现高效优化的问题，为改善算法的早熟现象，提高算法的全局收敛能力，本节分析和讨论了另外一种改进措施，即在上节介绍的算法基础上对群体空间粒子群的变异采用分类变异策略——对较好的个体用柯西变异，而不是高斯变异，从而在实施精细搜索的同时可以跳出局部最优解；其他个体采用高斯变异可以拓展搜索空间。该算法兼顾了全局搜索与局部搜索，表现出较好的搜索性能。

4.4.2.1　变异操作

众所周知，柯西分布是概率论中常见的连续型分布之一，其密度函数表达式可定义为：

$$f(x) = \frac{\beta}{\pi(\beta^2 + (x-\alpha)^2)}, \quad \alpha > 0, \beta > 0, \quad -\infty < x < \infty \tag{4-22}$$

表示为 $C(\alpha, \beta)$，其中，α 和 β 是两个参数。当 $\beta = 1$，$\alpha = 0$ 时，可得标准的柯西分布的密度函数为：

$$f(x) = \frac{1}{\pi(1+x^2)}, \quad -\infty < x < \infty \tag{4-23}$$

柯西分布和高斯分布的比较如图 4.12 所示。从图 4.12 可以看出，柯西分布图形是对称的，且两翼较为平坦、宽大，在原点附近有一个较低的极值，并且水平下降比高斯分布下降慢，柯西分布在水平方向上越接近水平轴，变得越缓慢，因此，柯西分布可以看作是无限的。从概率上讲，柯西分布具有更宽的分布范围，它允许较大的变异。采用柯西变异产生的子代距离父代较远的概率高于高斯变异，从而易于跳出局部最小点。这种方式可以产生更多样化的个体和涵盖更多的空间。与此相反，高斯变异能够以其最接近的空间完成准确邻近的探索。

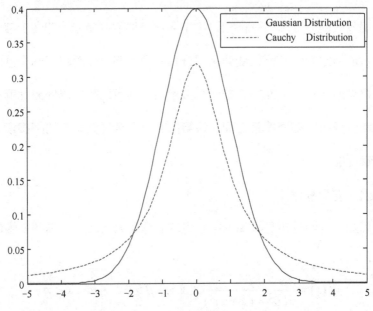

图 4.12 柯西（Cauchy）分布和高斯（Gaussian）分布比较

根据上述分析，本节提出了一种适合于高维函数优化的文化自适应柯西变异的粒子群优化算法（Cultural Adaptive Cauchy Mutated Particle Swarm Optimizer，CACMPSO）。算法的主要步骤详见 4.3 节，只是在对全局极值 G_{best} 进行自适应变异时按如下执行变异操作：

$$P_{gd} = P_{gd} *(1+0.5*C(0,1)) \tag{4-24}$$

其中，$C(0,1)$表示产生一个服从柯西分布的数或向量，而算法中其余个体变异仍然采用高斯变异。对于高维函数的优化，对全局极值 G_{best} 之所以不采用高斯变异，主要是因为高斯变异扰动的范围太小，以至于难以跳出局部搜索过程。加入柯西变异是为了通过对较好的个体在局部范围内进行进一步优化，期望获得更好的解。

4.4.2.2 数值实验

为了验证所提出算法的性能，我们选择了两个著名测试函数进行了测试，它们都是高维优化问题，其中，$f_1(x)$是一个单峰函数，$f_2(x)$是一个多峰函数，皆为求全局最小值，具体描述如下。

Rosenbrock 函数为：

$$f_1(x) = \sum_{i=1}^{n-1}(100*(x_{i+1}-x_i^2)^2+(1-x_i)^2), \quad |x_i| \leqslant 30 \qquad （4-25）$$

该函数又称香蕉函数，其原因是该函数在原点附近呈香蕉状弯曲，二维 Rosenbrock 函数图像如图 4.13 所示。在 $x^*=(1,1,\cdots,1)$处取得全局最小值 $f(x^*)=0$。该函数看似简单，但全局解位于 $x_{i+1}=x_i^2$ 的狭长带上，此狭长区间中函数值变化缓慢，搜索容易陷入局部解。要求搜索算法具有良好的方向性，普通方法难以求取其最小值。因此，它已被证明是一个很好的用来测试算法收敛速度和搜索效率的问题的方法。

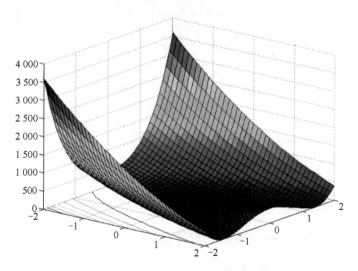

图 4.13 二维 Rosenbrock 函数图像

Rastrigin 函数为：

$$f_2(x) = \sum_{i=1}^{n}(x_i^2 - 10\cos(2\pi x_i) + 10),\ |x_i| \leqslant 5.12 \qquad (4\text{-}26)$$

该函数是一个各峰基本等高的复杂多峰函数。随着维数的增高，局部极值点呈指数增长，由于存在大量的搜索空间和大量的局部极值，这是一个相当棘手的问题。在 $x^*=(0,\cdots,0)$ 处取得全局最小值 $f(x^*)=0$（见图 4.14）。因此，该函数通常用来测试算法，跳出较差的局部极值点，并找到占优势的全局最优位置的能力。

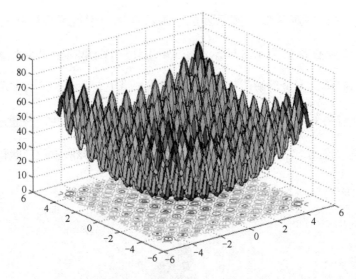

图 4.14　二维 Rastrigin 函数图像

对于每一个测试函数，我们分别对 10、20 和 30 三种不同维数进行了测试，相应的最大进化代数分别为 1 000、1 500 和 2 000 代。

在所有实验中，采用相同的群体大小 $m=40$，$\eta_1=\eta_2=2$，$\omega_{\max}=0.9$，$\omega_{\min}=0.4$。对于函数 f_1 和 f_2 初始群体分别随机均匀产生于不对称初始化范围 $(15, 30)^n$ 和 $(2.56, 5.12)^n$，粒子的最大速度相应被设定为每一维搜索空间范围的二分之一。

实验使用的参数为：k-d 树的最大深度为 12，优秀细胞排序表的大小为 10，历史知识表的大小 w=5，k=0.3，α =0.6，β = 0.4，p=15；对每一个问题，程序独立运行 50 次，将得到的结果和 IPSO 算法得到的结果进行了比较，见表 4.3，其中，平均最优表示在 50 次运行中最优粒子的平均适应度值。

表 4.3　算法运行结果统计比较

函数	进化代数	算法	平均最优
10D Rosenbrock	1 000	IPSO	1.244 6
		CACMPSO	1.011 7
10D Rastrigin	1 000	IPSO	2.616 2
		CACMPSO	1.281 4e-8
20D Rosenbrock	1 500	IPSO	8.732 8
		CACMPSO	5.652 1
20D Rastrigin	1 500	IPSO	14.889 4
		CACMPSO	1.317
30D Rosenbrock	2 000	IPSO	14.730 1
		CACMPSO	9.210 6
30D Rastrigin	2 000	IPSO	24.763 7
		CACMPSO	10.236

4.4.2.3　结果分析

实验结果表明，我们所提出的变异策略使算法性能得到显著改善，尤其是维数为 20 和 30 的时候。主要是因为文化算子和柯西变异算子的搜寻能力。文化算子在演化过程中能够保持良好的种群多样性，在每一代进化中，对到目前为止所有粒子中所发现的最好粒子进行柯西变异能够扩展最好粒子的搜索空间。如此丰富的多样性和扩展邻域搜索空间将大大有助于粒子移动到更好的位置，使算法具有较强的跳出局部最优能力，并能有效地防止过早收敛，从而提高算法的搜索性能。

当然，在今后我们将继续研究该方法在其他一些领域的运用，比如，随着变量数的不断变化，具有动态适应值的优化问题，事先对集群数没有先验知识的聚类问题等。同时，运用所提出的算法在超高维的搜索空间的应用也正在探索之中。

4.5 本章总结

本章主要提出了一种协同进化计算模型——文化粒子群优化算法模型。利用该模型分别将三种改进的粒子群优化算法（差分粒子群优化算法、自适应变异的差分粒子群优化算法和自适应柯西变异粒子群优化算法）分别纳入文化算法框架，组成基于粒子群优化算法的群体空间和信仰空间，这两个空间具有各自群体，并独立并行演化，分别用以解决连续空间无约束优化问题、约束优化问题和高维无约束优化问题。实验结果表明：充分设计和利用好信仰空间的各种知识源，对于提高算法的优化性能与搜索效率有着重要的意义。

第 5 章

文化蚁群优化算法

本章将蚁群系统（Ant Colony System，ACS）纳入文化算法框架，提出了一种新的高效文化蚁群优化算法（Cultural Ant Colony System，CACS）。该计算模型包含基于蚁群系统的群体空间和基于当前最优解的信仰空间，两空间具有各自群体，并独立并行演化。群体空间定期将最优解贡献给信仰空间，信仰空间依概率进行 2-opt 交换操作，对最优解进行变异优化，经演化后的解个体用来对群体空间全局信息素更新，帮助指导群体空间的进化过程，从而达到提高种群的多样性、防止早熟、降低计算代价的目的。对典型的 TSP 进行了对比实验，验证了所提出的算法在速度和精度方面优于传统的蚁群系统。

5.1 引言

旅行商问题（Traveling Salesman Problem，TSP），又称货郎担问题，是一个古老的问题，它在许多领域都有重要的应用，如印制电路板的钻孔路线方案、连锁店的货物配送路线等，TSP 模型已经渗入交通运输、经济管理、系统控制和军事科学等领域。然而，由于其属于 NP 完全问题，一直以来都没有十分有效的算法，尤其是对大规模的问题更是如此。因此，对研究此问题的有效算法不仅有重要的理论意义，而且有重要的应用价值。

因此，随着科学技术的发展，人们已对如何解决 TSP 进行了大量研究，一些模拟进化算法在解决该类问题上表现出良好的性能，其中包括遗传算法、退火算法、贪婪算法和蚁群算法（ACA）等。其中，蚁群算法是受自然界中真实蚁群的集体觅食行为的启发而发展起来的一种基于群体的模拟进化算法，这种算法已经成功地被应用在 TSP 及其他组合优化的算例中，已显示出蚁群算法在求解复杂优化问题（特别是离散优化问题）方面的一些优越性，证明它是一种很有发展前景的算法。

由于基本蚁群算法存在收敛速度慢、易出现停滞等缺陷，许多学者进行了深入研究，又陆续提出了蚁群系统（Ant Colony System，ACS），最大-最小蚂蚁系统（MAX-MIN Ant System，MMAS），以及基于排序的蚂蚁系统（Rank-Based

Version of Ant System，ASrank）和基于图的蚁群系统（Graph-Based Ant System，GBAS）等。但大多数算法都是囿于传统的计算模式下通过算法的内部状态，或根据定性的分析来判断蚁群当前的搜索能力，从而通过对信息素更新、蒸发系数的改变及释放的信息素量等的改变来避免停滞现象，寻找算法搜索效率的提高。

本章根据蚁群算法求解旅行商问题时的独特性，将蚁群系统纳入文化算法框架，提出了一种新的文化蚁群优化算法。该算法由两个演化空间组成，即群体空间和信仰空间。群体空间包含一系列所求问题的可能解，本章将采用蚁群系统作为群体演化算法；信仰空间是一个信息库，用于保存个体在进化过程中获取的当前最优解作为经验和知识，用来指导群体空间其他个体的进化，两个空间通过特定的协议进行信息的交流。群体空间个体在进化过程中形成个体经验，通过函数accept()将个体经验传递到信仰空间，信仰空间将收到的个体经验根据一定的行为规则进行比较和优化，形成群体经验，并根据信仰空间现有的经验和新个体经验的情况用 Update()函数更新群体经验。信仰空间在形成群体经验后通过 Influence()函数对群体空间中个体的行为规则进行修改，以使个体空间获得更高的进化效率，文化蚁群优化算法计算构架如图 5.1 所示。该计算构架不仅体现了蚁群系统所具有的智能搜索、全局优化、鲁棒性和正反馈等优点，而且显式地描述出其并行性和分布式计算的特征。该实验结果表明，在这种优良环境的引导下，蚁群能够快速地找到最优路径，从而加快算法的收敛速度，提高寻优效率。

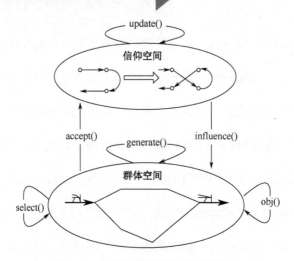

图 5.1　文化蚁群优化算法计算构架

5.2　TSP 描述

设有 N 个城市，一个旅行推销员从某一个城市出发，要经过其余 $N-1$ 个城市，最后回到出发的城市，他怎样选择路程最短的路线？这就是著名的旅行商问题（TSP）或货郎担问题。TSP 本质上是数学优化问题，可以形式化地描述为：

设 N 个城市集为 $c=\{c_1,c_2,\cdots,c_N\}$，任意两个城市之间的距离为 $d(c_i,c_j)\in R^+$，其中 $c_i,c_j\in c(1\leqslant i,j\leqslant N)$ 求使目标函数

$$T_d=\sum_{i=1}^{N-1}d(c_{\Pi(i)},c_{\Pi(i+1)})+d(c_{\Pi(N)},c_{\Pi(1)}) \tag{5-1}$$

达最小的城市序列 $\{c_{\Pi(1)},c_{\Pi(2)},\cdots,c_{\Pi(N)}\}$，其中，$\Pi(1),\Pi(2),\cdots,\Pi(N)$ 是 $1,2,\cdots,N$

的全排列。算法研究表明，TSP 是 NP 完全问题，其计算复杂度为 $O(N!)$。

自 TSP 提出以来，其求解方法得到了不断的改进。近年来，以蚁群行为为基础的蚁群算法已成为一种较为有效的 TSP 求解方法，和其他寻优算法相比，它仍然是较好的解决方案之一。而蚁群系统是到目前为止解决 TSP 较好的 ACA 类算法，为此，本书首次将该算法作为群体空间设计了一种适合于求解 TSP 问题的文化算法。

5.3　群体空间上的进化：蚁群系统

1997 年，Dorigo 在蚂蚁算法的基础上，提出了蚁群系统（ACS）。与蚂蚁算法相比，ACS 引入了局部信息素的更新。这种局部信息素更新的作用是使已选路径对后来的蚂蚁具有较小的影响力，即使蚂蚁所走的路径上信息素强度衰减。这样便增加了其他路径在下一次循环中被选择的机会，从而扩大了算法的搜索空间，使蚂蚁对没有被访问的路径有更强的探索能力，有效地避免了算法陷入局部最优。然后 ACS 通过全局信息素更新，使全局最优解中路径上的信息素得以加强，使算法得以收敛。

下面以求解平面上 N 个城市的 TSP 为例，具体说明传统 ACS 的原理。

设 m 是蚁群系统中蚂蚁的数量，U 代表蚂蚁 k 从 i 点出发的可行点集合（在一次寻路过程中，已经遍历过的城市将从该集合中删除）。蚂蚁 k 在城市 i 向城市

j 移动的转移规则为：

$$j = \begin{cases} \arg\max\limits_{l \in u}[(\tau_{il})^{\alpha}(\eta_{il})^{\beta}], q \leqslant q_0 \\ V, \qquad\qquad\qquad 其他 \end{cases} \qquad (5\text{-}2)$$

其中，V 代表蚂蚁 k 在城市 i 随机探索下一城市 j 的概率，其值根据以下进行选择，q 是一个在[0,1]间均匀分布的随机变量，它决定了选择下一城市的概率；q_0 是一个给定的在[0,1]间的常数，q_0 越小，蚂蚁随机选择下一城市的概率就越大。

$$P_{ij} = \begin{cases} \dfrac{[\tau_{ij}]^{\alpha} \cdot [\eta_{ij}]^{\beta}}{\sum\limits_{l \subset U}^{N} [\tau_{il}]^{\alpha} \cdot [\eta_{il}]^{\beta}}, \quad j \in U \\ 0, \qquad\qquad\qquad 其他 \end{cases} \qquad (5\text{-}3)$$

其中，τ_{il} 为边(i,j)上的信息素浓度，$\eta_{ij} = 1/d_{ij}$，代表边(i,j)上的自启发量，d_{ij} 代表城市 i,j 之间的距离。α, β 是两个参数，分别代表信息素浓度的权重和自启发量的权重。

通过式（5-2）、式（5-3）可以发现，蚂蚁在选择转移路径的时候，一方面会选择路径短且信息素浓度高的路径，另一方面又会以一定的概率探索新的路径，这样既保证了算法的收敛特性，又保证了算法不陷入局部最优解。

当蚂蚁选定了下一个路径之后，就通过信息素的局部更新规则和全局更新规则进行路径上的信息素更新。

1. 局部信息素更新方程

每只蚂蚁在建立了一条寻访路径的同时，不停地以局部更新规则改变该路径上的信息素，信息素的局部更新规则如下所示：

$$\tau_{ij} =(1-\rho) \tau_{ij} + \rho \cdot \tau_0 \tag{5-4}$$

其中，ρ $(0< \rho <1)$是信息素的局部挥发因子；τ_0是各条路径上的初始信息素浓度值。

2. 全局信息素更新方程

当所有蚂蚁都成功地完成一次寻路之后，选择蚂蚁遍历所有路径的最短路径。在最短路径上用全局更新规则来更新最短路径中每条边的信息素，使最优路径得以保留，用来影响后继蚂蚁的寻路过程。信息素的全局更新规则如下所示：

$$\tau_{ij} =(1-\partial) \tau_{ij} + \partial\Delta \tau_{ij} \tag{5-5}$$

其中，∂ $(0< \partial <1)$是信息素的全局挥发因子。

$$\Delta \tau_{ij} = \begin{cases} (L_{gb})^{-1}, (i,j) \in 全局最优解 \\ 0, \qquad 其他 \end{cases} \tag{5-6}$$

其中，L_{gb}代表当前全局最优解的路径长度，即从试验开始所得到的全局最优路径的长度。

5.4　信仰空间的设计和作用

5.4.1　信仰空间上的进化

信仰空间的设计是文化算法的另一个重要的空间设计，该空间的主要作用是提供一个明确的机制用来获取、存储和整合个体或群体解决问题的经验和行为，本章将信仰空间划分为两种知识源：情形知识——包含进化过程中搜索能力强的精英蚂蚁；历史知识——进化过程中所发现的最优解，对于信仰空间的更新策略，本章依据 Accept() 函数接受来自群体空间的当前最优解，并充分利用随机 2-opt 算法简洁高效的特点，完成自身的变异。设当前个体所走的最优路径为：

$$c_0 \cdots c_i c_{i+1} \cdots c_j c_{j+1} \cdots c_{n-1} \tag{5-7}$$

如果满足条件：

$$d(c_i, c_{i+1}) + d(c_j, c_{j+1}) > d(c_i, c_j) + d(c_{i+1}, c_{j+1}) \tag{5-8}$$

若将路径中边 (c_i, c_j) 代替 (c_i, c_{i+1})，(c_{i+1}, c_{j+1}) 代替 (c_j, c_{j+1})，交换后线路中的路径 $(c_j, \cdots, c_{i+1})$ 被反向，如图 5.2 所示。

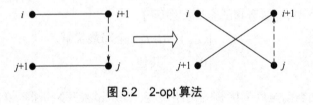

图 5.2　2-opt 算法

当信仰空间对群体空间所提供的当前最优解使用随机 2-opt 再进行一次优化后，这一代解的性能会有明显改善，可以有效地缩短搜索最优解所需的时间。

5.4.2　接受函数

在群体空间的蚁群演化过程中，每运行 AcceptStep 代时，用当前最优解替换信仰空间中的解个体。本书中，AcceptStep = 20。

5.4.3　影响函数

群体空间的蚁群演化每运行 InfluenceStep 代时，将信仰空间中经 2-opt 变异后所得到的解个体去指导完成群体空间的全局信息素更新，所设计的影响函数如图 5.3 所示。

$$InfluenceStep = \begin{cases} BaseNum, & CurrentStep \leqslant C \\ BaseNum * \dfrac{EndStep - CurrentStep}{EndStep - C}, & 其他 \end{cases} \quad (5\text{-}9)$$

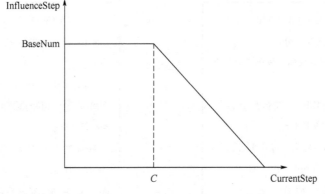

图 5.3　影响函数

其中，EndStep 为预先设定的蚁群最大演化代数，CurrentStep 为蚁群演化当前代数，BaseNum 和 C 由用户设定。这样在蚁群演化的初始阶段，信仰空间的知识解对其影响较小，使其能够保证快速演化；在蚁群演化的后期，知识解对其影响逐渐加大，使其能够更多地接受知识空间的引导，同时扩大搜索空间，使其具备更好的全局搜索能力。

综上所述，CACS 求解 TSP 的算法流程如图 5.4 所示，从图 5.4 可以看出，CACS 优化算法实际上是在 ACS 优化算法的基本框架中增加了并行演化的信仰空间，该信仰空间对当前最优解以概率进行变异操作，这一过程的运算比蚁群算法中的循环过程要简单得多，因此，只需较短的时间便可完成相同次数的运算。另一方面，经过这种随机变异算子作用后，CACS 跳出局部最优解的能力会有明显改善，然后将所得的结果通过影响函数动态完成群体空间的全局信息素更新，从而改善整个群体的性能，减少计算时间。针对此方法，我们进行了大量实验，实验结果表明这种方法是很有效的。

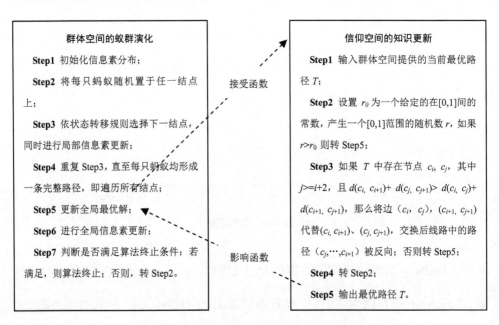

图 5.4 CACS 求解 TSP 问题的算法流程图

5.5 实验研究

实验数据来自 TSPLIB（http://www.iwr.uni-heidelberg.de/groups/compot/software/TSP-LIB95/tsp）中的 benchmark 实例，采用编程语言 VC++ 6.0，在奔腾Ⅳ处理器

上进行。

5.5.1 算法的参数研究

很多学者对 α，β，ρ，∂ 的选取进行了研究，为此，算法中参数的设置分别为：EndStep=3 000，蚂蚁的数量 m=30，α=1，β=5，$q_0 = r_0 = 0.98$，$\rho = \partial = 0.1$，τ_0 的最优值为 (N^*L_{NN})，L_{NN} 为用贪心法求出的巡回路径长度。为了减少算法中的计算量，加快搜索速度，对于信仰空间的随机变异采取对随机顺序的四个节点进行 2-opt 算法。

由于参数 BaseNum 和 C 对信仰空间作用的发挥有一定的影响，实验分别针对参数 BaseNum 和不同的 C：EndStep 比例进行。首先，在固定参数 BaseNum 的情况下，采用不同的 C：EndStep 比例求解 st70 问题，分别进行了 15 次独立计算。实验结果见表 5.1。

从表 5.1 可以看出，C：EndStep 比例不能太大，否则，信仰空间的知识解对群体空间影响所起的作用减弱，这对算法的搜索不利。另外，为了能够保证群体空间的快速演化，C：EndStep 比例也不应该太小。从表 5.1 中的 4 个统计量来看，C：EndStep 取 1：3 时，算法具有较好的性能。

表 5.1　参数 C：EndStep 对 CACS 算法的影响

C：EndStep	最好解	平均值	最差解	标准方差
1:5	700.51	701.04	703.59	2.715
1:4	694.01	695.16	701.97	2.063

C：EndStep	最好解	平均值	最差解	标准方差
1:3	**678.59**	**680.24**	**687.96**	**1.247**
1:2	689.42	690.32	691.75	1.304
2:3	687.53	687.62	687.96	1.315
3:4	695.66	698.31	704.69	2.172

表 5.2 是参数 BaseNum 对 CACS 算法的影响。

表 5.2　参数 BaseNum 对 CACS 算法的影响

BaseNum（代）	最好解	平均值	最差解	标准方差
5	695.10	698.04	701.98	2.845
10	690.35	694.36	700.4	1.863
15	691.18	695.24	700.61	1.647
20	689.42	690.32	691.75	1.304
25	687.53	687.62	687.96	1.315
30	678.59	679.01	687.53	1.142
35	688.82	689.42	692.13	1.173
40	687.96	688.37	689.42	1.246
45	695.66	697.02	701.97	2.673
50	696.07	698.45	703.59	3.213

对参数 BaseNum 的实验结果显示，当 BaseNum 为 25 代和 30 代时，算法的性能较好。CACS 算法求解 st70 问题得到的最优实数解为 678.595 652，其值优于 TSPLIB 中提供的最优实数解 678.597 452，其路径分别如图 5.5 和图 5.6 所示。

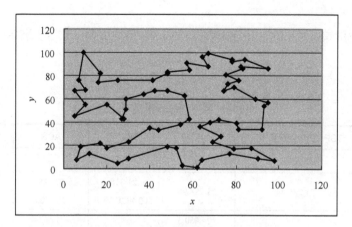

图 5.5　CACS 算法发现的 st70 最优路径

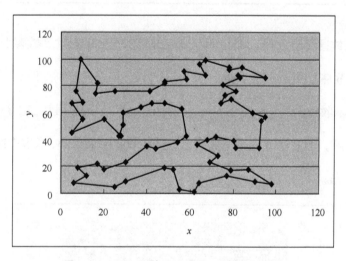

图 5.6　TSPLIB 算法发现的 st70 最优路径

5.5.2　对比实验研究

下面利用 CACS 的最优参数，通过不同规模的 TSP，比较 CACS 算法与 AS 算法和遗传算法（GA）的性能。

算法运行结果统计比较见表 5.3，表中的 MMAS 和 ACS 的 TSP 结果选自

Stutzle 研究成果，GA 的 TSP 结果选自 Dorigo 研究成果，表 5.3 括号中的值为平均值。

表 5.3　算法运行结果统计比较

计算实例	TSPLIB 中最优实数解	CACS	MMAS	ACS	GA
eil51	429.983 312	428.980 0	—	—	—
KroA100	21 285.44	21 298.98	21 318 (2 1320.3)	21 389 (21 420)	21 761
Oliver30	—	424.869 3 (424.869 3)	—	427.667 4 (435.365 7)	483.457 2 (467.684 4)

从实验数据看出：对于 eil51 问题，CACS 算法得到的最优实数解为 428.980 0，优于 TSPLIB 中提供的最优实数解 429.983 312，其路径分别如图 5.7 和图 5.8 所示。同时，从收敛特性图（见图 5.9）可看出，MMAS 算法虽然在 1 850 次迭代中能达到最优解，但 CACS 仅需 930 次迭代就能收敛到最优解，算法的收敛特性得到很大的改进。

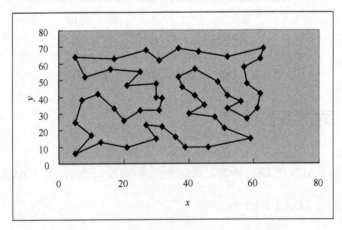

图 5.7　CACS 算法发现的 eil51 最优路径

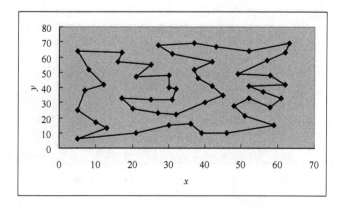

图 5.8   TSPLIB 提供的 eil51 最优路径

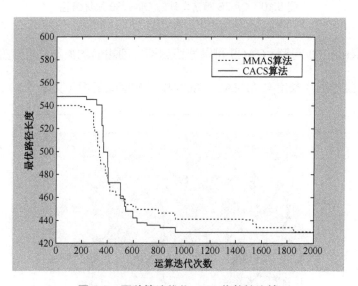

图 5.9   两种算法优化 eil51 收敛性比较

对于 Oliver30 问题，CACS 算法得到的最优实数解为 424.869 3，算法性能优于 ACS 和 GA，CACS 所得到的最佳路径长度比 ACS 和 GA 更短（参见表 5.3），其路径如图 5.10 所示。

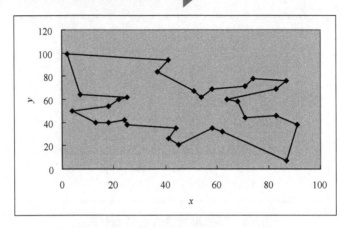

图 5.10　CACS 算法发现的 Oliver30 最优路径

对于 KroA100 问题，CACS 可以寻找到接近理想值的最佳路径（见图 5.11 和图 5.12），最佳路径长度与 MMAS、ACS 和 GA 相比更短（见表 5.3）。

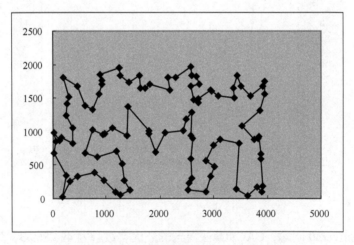

图 5.11　CACS 算法发现的 kroA100 最优路径

实验结果表明：构建的 CACS 算法提高了蚁群跳出局部最优的能力，在一定程度上改善了算法的全局搜索能力和快速收敛能力。

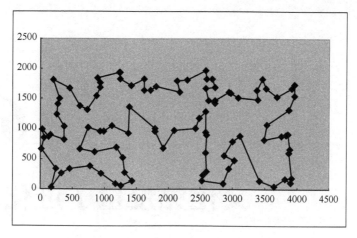

图 5.12　TSPLIB 提供的 kroA100 最优路径

5.6　本章总结

　　本章提出了一种求解 TSP 的文化蚁群优化算法，该算法将蚁群系统纳入文化算法框架，形成了群体空间和信仰空间双演化、双促进机制，这与传统蚁群优化算法计算模式形成了明显的对比，并通过对信仰空间的随机变异，将优化结果用于指导群体空间的进化计算，这可以有效地缓解基本蚁群算法容易早熟、停滞和收敛速度较慢的矛盾。这样使蚁群算法在具有更好的收敛性、稳定性和更快的速度的同时，使解更具有多样性和全局性。为了更大限度地发挥 CACS 的优点，我们将进一步研究其在大规模动态 TSP 中的应用。

第6章

文化免疫量子进化算法

　　将免疫量子进化算法纳入文化算法框架，提出了一种新的高效文化免疫量子进化算法（Cultural Immune Quantum Evolutionary Algorithm，CIQEA），该计算模型包含基于量子进化算法的群体空间和基于免疫接种的信仰空间，这两个空间具有各自群体，并独立并行演化。群体空间定期将好的个体作为疫苗贡献给信仰空间，信仰空间采用量子交叉操作来增强疫苗间的信息交流，以提高种群的多样性，并可以防止早熟。经演化后的疫苗用来对群体空间接种，帮助指导群体空间的进化过程，由此形成了双演化、双促进机制，从而达到改善搜索效率，降低计算代价的目的。对典型的组合优化问题——0/1 背包问题进行了对比实验，仿真实验表明：同传统遗传算法、单纯的量子进化算法 QEA 和免疫量子进化算法（IQEA）相比，CIQEA 具有更好的优化性能及更高的搜索效率。

6.1 引言

0/1 背包问题（Knapsack Problem，KP）是运筹学中一个经典组合优化问题，也是数学和计算机学界公认的一个 NP 完全问题。在预算控制、项目选择、材料切割和货物装载等实践中有重要应用，并且还经常作为其他问题的子问题加以研究。0/1 背包还广泛用于生产实践中，如工厂里下料问题、人造卫星内物品的装载问题、网络路由中带宽分配、数据保密中数据加密、管理中的资源分配和投资决策等问题都可以建模为背包问题。同时，随着网络技术的不断发展，基于 0/1 背包问题的背包公钥密码体制在电子商务中的公钥设计中也发挥了越来越重要的作用。所以对 0/1 背包问题能求解，无论在理论上还是在实践上，都有非常重要的意义。

0/1 背包问题传统求解方法主要以精确算法（如递归法、动态规划法和分支定界法等指数级方法）为主，这些算法是以数学理论为基础的，利用精确的推导求解 0/1 背包问题。但是由于其具有计算复杂度比较高、参数比较多的特点，求解速度不是十分理想。因此，随着计算机科学技术发展，人们对如何解决 0/1 背包问题进行了大量研究。一些模拟进化算法在解决该问题上体现出良好的性能，其中包括遗传算法和基于群体智能的近似算法（如蚂蚁算法、微粒群算法等）。

近些年来，一种基于量子计算原理的进化算法——量子进化算法（Quantum

Evolutionary Algorithm，QEA）引起了人们的关注。这种崭新的进化方法具有很强的生命力和较高的研究价值。它以量子计算的一些概念和原理（具体见第 2 章）为基础，用量子位编码来表示染色体，通过量子门更新种群来完成进化搜索，与传统进化算法相比，能够更容易地在探索与开发之间取得平衡，具有种群规模小、收敛速度较快和全局寻优能力强的特点。

A. Narayanan 和 M. Moore 在 *Quantum-inspired Genetic Algorithm* 一文中提出了量子遗传的概念，Kuk-Hyun Han 等人在 2000 年提出了一种遗传量子算法（Genetic Quantum Algorithm，GQA），将量子的状态矢量表达引入遗传编码，利用量子旋转门实现染色体基因的调整，并以此策略实现了 0/1 背包问题的求解，而且其性能要优于传统的遗传算法。Kuk-Hyun Han 的遗传量子算法（GQA）实际上是一种概率演化算法，在算法中没有采用任何遗传操作，因为他认为该算法染色体的多态性表达已经能够保证算法具有足够的多样性，同时具有开发能力和探索能力，因而不再需要有交叉和变异。后来他又提出了量子进化算法（Quantum-inspired Evolutionary Algorithm，QEA），将其应用于优化问题，并取得了一些成果。而 QEA 算法在 GQA 算法的基础上增加了迁移机制，进一步提高了算法性能。

同经典的进化算法相比，虽然量子进化算法具有很多优点，如更好的群体多样性和全局寻优能力，群体规模较小，但不影响算法的性能，在进化过程中利用了个体过去的历史信息等。但是，在对算法的实施过程中不难发现，量子进化算法利用量子门变异来进化量子染色体，而又通过观察量子染色体的状态来生成所需要的二进制解，这是一个概率操作过程，具有较大的随机性和盲目性，因此个体在进化的同时，也不可避免地出现了退化的可能性。另一方面，每一个待求的实际问题都会有自身一些基本的、显而易见的特征信息或先验知识，然而量子进化算法却忽视了这些特征信息或先验知识对求解问题时的帮助作用，特别是在求解一些复杂问题时，这种忽视所带来的损失往往就比较明显了。

李映、焦李成等人将免疫思想引入量子进化算法中，提出一种免疫量子进化算法（Immune Quantum Evolutionary Algorithm，IQEA），力图有选择、有目的地利用待求问题中的一些特征信息或先验知识，抑制或避免求解过程中的一些重复或无效的工作，以提高算法的整体性能。但该算法的接种方式比较单一，种群的多样性难以保证，同时对得到的特征信息或先验知识缺乏自身的进化方式。

为此，本章提出了一种改进的免疫量子进化算法，并根据量子进化算法求解0/1 背包问题的独特性，将改进的免疫量子进化算法纳入文化算法框架（见图 6.1）；还提出了一种新的高效文化量子进化算法，该算法将采用改进的免疫量子进化算法作为群体演化算法，并将好的个体作为疫苗通过函数 accept()选入信仰空间。在信仰空间中，我们借鉴量子的相干特性构造一种新的交叉操作——全干扰交叉，对收到的疫苗进行并行演化，这种演化能够改进普通疫苗的局部性与片面性，产生新的疫苗，为进化过程注入新的动力。信仰空间在得到好的疫苗后，通过Influence()函数对群体空间中的个体进行接种，以使个体空间获得更高的进化效率，抑制退化现象的产生。实验结果表明，在这种计算构架的引导下，能够加快算法的收敛速度，提高其寻优效率。

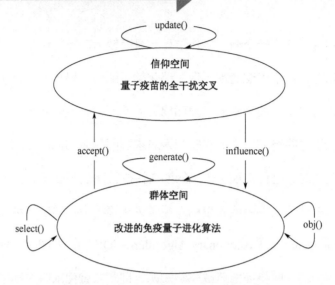

图 6.1 文化免疫量子进化算法计算框架

6.2 背包问题描述

0/1 背包问题是一类典型的、易于描述的，却难以处理的 NP 完全问题，可描述为：假设有价值和质量已知的若干件物品和一个最大容量已知的背包，如何选择装入该背包的物品，可使在背包的容量约束限制之内装入的物品总价值最大。

具体而言，假设受益量 $p_i > 0$ 与质量 $w_i > 0 (i = 1, 2, \cdots, m)$，已知的 m 件物品和一个最大容量为 C 的背包，求一个二进制的矢量 $X = (x_1, x_2, \cdots, x_m)$，使总受益最大。本质上，这是一个整数规划：

$$\max f(X) = \sum_{i=1}^{m} x_i \times p_i$$

$$st. \sum_{i=1}^{m} x_i \times w_i \leqslant C \tag{6-1}$$

式中，$x_i \in \{0,1\}$，$1 \leqslant i \leqslant m$，$C>0$。如果 $x_i = 0$ 代表不将第 i 个该物品装入背包，$x_i = 1$ 代表将第 i 个物品装入背包。显然，0/1 背包问题是一个特殊的整数规划问题。

0/1 背包问题的测试数据有多种类型，在下面的实验中，我们采用权值和利润强相关性的测试数据集，对问题参数的设定，即

$$w_i = \text{uniformly random}[1,10]$$

$$p_i = w_i + 5 \tag{6-2}$$

背包容积取 $C = \dfrac{1}{2}\sum_{i=1}^{m} w_i$，所有数据未排序。

算法研究表明，0/1 背包问题是 NP 完全问题，其计算复杂度为 $O(2^n)$。

6.3 文化免疫量子进化算法

在人工智能不断向生物智能学习的过程中，人们逐渐意识到生物免疫能力的重要性，并对其进行了一定的研究。其中，基于免疫原理的优化算法是人工免疫系统研究领域的另一个热点，许多算法已经在实际中得到了应用，目前免疫算法已被用于函数测试、旅行商问题优化、约束搜索优化和多判据设计问题、生产过程调度、电力系统经济调度和移动机器人（Autonomous Mobile Robot，AMR）的

路径规划等。

6.3.1 免疫的基本概念

免疫概念的提出受生物自然科学的启发，在原有进化算法理论框架的基础上引入了一个新的算子——免疫算子（Immune Operator），进而形成一个新的进化理论。在生命科学中，免疫功能主要是由参与免疫反应的细胞或者说由其构成的器官完成的。这种免疫细胞主要有两大类，一类为淋巴细胞，这类细胞因为对抗原的反应有明显的专一性，所以是特异性免疫（Specific Immunity）反应的主要细胞。第二类细胞则具有摄取抗原、处理抗原，并将处理后的抗原以某种方式提供给淋巴细胞的作用，其重要特征是在参与各种非特异性免疫反应（Nonspecific Immunity）的同时，也能积极地参与特异性免疫反应。同生命科学中的免疫理论类似，免疫算子也分两种类型——全免疫（Full Immunity）和目标免疫（Target Immunity），二者分别对应生命科学中的非特异性免疫和特异性免疫。其中，全免疫是指群体中每个个体在变异操作后，对其每一环节都进行一次免疫操作的免疫类型；目标免疫则是指个体在进行变异操作后，经过一定判断，个体仅在作用点处发生免疫反应的一种类型。全免疫主要应用于个体进化的初始阶段，而在进化过程中基本上不发生作用，否则将很有可能产生通常意义上所说的同化现象（Assimilative Phenomenon）；目标免疫一般将伴随群体进化的全部过程，也是免疫操作的一个常用算子。为便于说明，我们首先对书中可能用到的几个概念进行说明，这些概念包括以下内容。

定义 6.1　染色体

染色体（Chromosome）表示待求问题的解的形式的一种数据结构，如数组和位串等。

定义 6.2　基因

基因（Gene）是指构成染色体的最基本的数据单位。例如，如果表示染色体的数据结构为数组，则基因一般是指其中的元素；如果染色体的数据结构为位串，则基因一般为其中的位。

定义 6.3　个体

个体（Individual）指具有某类染色体结构的一种特例。比如，一个染色体结构为八位二进制数，则下面的这两个位串即为该染色体的两个个体：0-1-0-1-0-1-0-0 和 0-1-1-1-1-0-0-1。

定义 6.4　抗原

抗原（Antigen）是指所有可能错误的基因，即非最佳个体的基因。比如，同样是上述类型的染色体，如果最佳个体为第一种结构，则所有与该结构上对应位的基因不同的基因均可视为抗原。

定义 6.5　疫苗

疫苗（Vaccine）是指根据进化环境或待求问题的先验知识，所得到的对最佳个体基因的估计。

定义 6.6　抗体

抗体（Antibody）是指根据疫苗修正某个个体的基因所得到的新个体。其中，根据疫苗修正个体基因的过程即为接种疫苗（Vaccination），其目的是消除抗原在新个体产生时所带来的负面影响。

在实际的操作过程中，首先应对所求解的问题进行具体分析，从中提取出最基本的特征信息。其次，对此特征信息进行处理，以将其转化为求解问题的一种方案。最后，将此方案以适当的形式转化成免疫算子以实施具体的操作。这里需要说明的是，待求问题的特征信息往往不止一个，也就是说针对某一特定的抗原所能提取出的疫苗也可能不止一种，那么在接种疫苗过程中，可以随机地选取一种疫苗进行注射，也可以将多个疫苗按照一定的逻辑关系进行组合后再进行注射。

6.3.2　文化和量子协同进化计算模型

王磊、焦李成等人提出了一种免疫进化算法，他们设计的算法中模拟了人类自我免疫机制（self-immunity），在进化算法中加入了一个免疫算子，该免疫算子由接种和免疫选择两部分组成。接种是根据先验知识来修改基因的某些位，能够以较大的概率获得高的适应度；采用免疫选择能够克服进化过程中的退化现象，提高收敛速度。该方法被应用于 75 个城市的 TSP 求解。这种算法的核心思想是认为每一个待求的实际问题都会有一些基本的、显而易见的特征信息或知识，如果能有效利用这些信息与知识，则有利于问题的求解。

李映、焦李成等人在此基础上将免疫思想引入到量子进化算法中，提出一种免疫量子进化算法，本节在李映、焦李成等人研究成果的基础上，提出了一种改进的免疫量子进化算法，并将其纳入文化算法框架，形成了文化和量子协同进化的计算模型（Cultural Immune Quantum Evolutionary Algorithm，CIQEA），如图 6.2 所示。

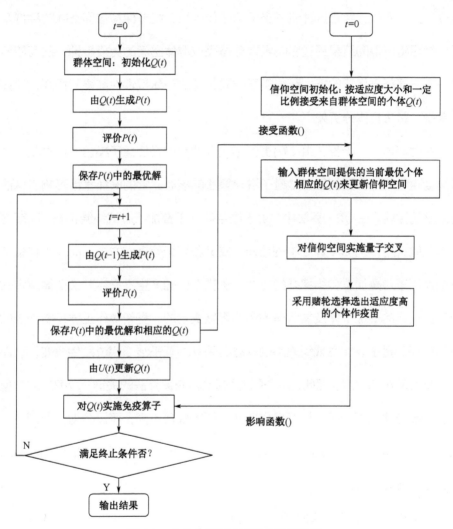

图 6.2 文化和量子协同进化计算模型

从图 6.2 可以看出，CIQEA 优化算法实际上是在免疫量子进化算法的基本框架中增加了并行演化的信仰空间，信仰空间对当前最优量子个体实施量子交叉变异操作，由于信仰空间的种群规模比群体空间小，这一过程涉及的运算比通过群体空间中的循环过程实现要简单得多，因此只需较短的时间便可完成相同次数的运算。另一方面，经过这种量子交叉算子作用后，能够保持信仰空间的种群多样性，然后将所得的结果通过影响函数动态完成群体空间的免疫接种，从而使整个算法跳出局部最优解的能力获得明显改善，算法整体搜索性能得到提高，计算时间减少。算法具体分析如下。

在循环体中，步骤"由 $U(t)$ 更新 $Q(t)$"的目的是使量子染色体通过变异产生适应度更优的态。更新算子是量子进化算法的核心，它的好坏直接影响该算法表现出来的性能。在 QEA 算法中，由于染色体处于叠加状态或纠缠状态，因而更新操作不能采用传统 GA 算法中的选择、交叉和变异等操作方式，而采用将量子门分别作用于各叠加态和纠缠态的方式。子代个体的产生不是由父代群体决定的，而是由父代的最优个体及其状态的概率幅度决定的。更新操作主要是将构造的量子门作用于量子叠加态或纠缠态的基态，使其相互干涉，相位发生改变，从而改变各基态的概率幅度，因此，量子门的构造是 QEA 算法的关键。量子门的类型很多，分类方法也不相同：根据操作的量子位的数目不同，可以分为一位门、二位门和三位门等；根据作用不同，可以分为量子非门、量子受控非门、Handamard门和量子旋转门等。

在 QEA 中，主要采用的是量子旋转门。

$$U(\Delta\theta_i) = \begin{bmatrix} \cos(\Delta\theta_i) & -\sin(\Delta\theta_i) \\ \sin(\Delta\theta_i) & \cos(\Delta\theta_i) \end{bmatrix} \tag{6-3}$$

量子位的更新是通过量子门的更新来完成的，过程如下：

$$\begin{bmatrix} \alpha_i' \\ \beta_i' \end{bmatrix} = U(\Delta\theta_i) \begin{bmatrix} \alpha_i \\ \beta_i \end{bmatrix}$$

在更新的过程中，$\Delta\theta_i$ 的大小和符号起关键作用。$\Delta\theta_i$ 的符号影响量子门旋转的方向。由图 6.3 可知，当量子比特位于第一、三象限时，$\Delta\theta_i$ 被设置成正值时，可以提高它为状态 1 的概率；而当量子比特位于第二、四象限时，$\Delta\theta_i$ 被设置成负值时，可以提高它为状态 1 的概率。当量子比特位于第一、三象限时，$\Delta\theta_i$ 被设置成负值时，可以提高它为状态 0 的概率；而当量子比特位于第二、四象限时，$\Delta\theta_i$ 被设置成正值时，可以提高它为状态 0 的概率。

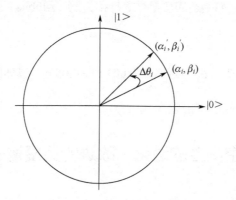

图 6.3　基于当前解和局部最优解的旋转角方向

通过查询表 6.1，我们可以得到角度的设置。$\Delta\theta_i$ 的大小对收敛速度有一定的影响。如果太大，算法可能偏离或过早收敛到一个局部最优解。$\Delta\theta_i$ 的符号确定了收敛方向。

表 6.1　$\Delta\theta_i$ 的查询表

x_i	b_i	$f(x) \geqslant f(b)$	$\Delta\theta_i$
0	0	false	θ_1

x_i	b_i	$f(x) \geq f(b)$	$\Delta\theta_i$
0	0	true	θ_2
0	1	false	θ_3
0	1	true	θ_4
1	0	false	θ_5
1	0	true	θ_6
1	1	false	θ_7
1	1	true	θ_8

$\Delta\theta_i$ 的查询表中，$f()$是适应度函数，b_i 和 x_i 的（i-thbits）分别是最佳解 b 和二元解 x。

其中，一般设置 θ_3、θ_5 绝对值为 $0.001\pi \sim 0.05\pi$，具体的正负值应根据当前所处的象限而定，其他情况设置为 0。

6.3.3 群体空间上的进化：改进的免疫量子进化算法

在算法 CIQEA 实施中，免疫算子是在合理提取免疫疫苗的基础上，通过接种疫苗和免疫测试两个操作步骤来完成的，前者是为了提高适应度，后者则是为了防止群体的退化。其中，疫苗是对最佳个体某些基因的一种估计，它建立在人们对待求问题的或多或少的先验知识，或在进化过程中获取解决问题的知识，并从中提取出特征信息的基础上；而抗体是潜在的求解问题的一种方案。

在我们的研究中，选择疫苗的操作是从群体空间选择好的个体（适应度高的个体）作为疫苗；而疫苗接种是将信仰空间中经过进化后的疫苗来修改群体空间中一定比例个体的某些基因位上的基因，使所得个体以较大的概率具有更高的适应度。

1. 免疫疫苗的构造

在我们的研究中，免疫疫苗的构造是指通过接受函数每间隔一定的进化代数从当前群体空间中选择最优的个体作为疫苗。当个体被选作疫苗时，它会被用来更新信仰空间。正确选择疫苗对算法的运行效率具有十分重要的意义，它如同通用遗传算法中的编码一样，是免疫操作得以有效地发挥作用的基础与保障。但是需要说明的是，所选取疫苗的优劣，生成抗体的好坏，只会影响免疫算子中接种疫苗作用的发挥，不至于影响算法的收敛性。因为免疫算法的收敛性归根结底是由免疫算子中的免疫测试来保证的。

2. 接种疫苗

根据一定疫苗的接种模式，利用疫苗修正个体基因的过程，能使个体有更高的概率获得更高的适应度，接种疫苗的过程描述如下：

假定一量子个体为 $q_i = \begin{pmatrix} \alpha_{i1} & | & \alpha_{i2} & | & \cdots\alpha_{ij}\cdots & | & \alpha_{im} \\ \beta_{i1} & | & \beta_{i2} & | & \cdots\beta_{ij}\cdots & | & \beta_{im} \end{pmatrix}$，疫苗为 $q_g = \begin{pmatrix} \alpha_{g1} & | & \alpha_{g2} & | & \cdots\alpha_{gj}\cdots & | & \alpha_{gm} \\ \beta_{g1} & | & \beta_{g2} & | & \cdots\beta_{gj}\cdots & | & \beta_{gm} \end{pmatrix}$，

其中，$|\alpha_{ij}|^2 + |\beta_{ij}|^2 = 1$，$j = 1,2,\cdots,m$，$0 \leqslant |\alpha_{ij}| \leqslant 1$，$0 \leqslant |\beta_{ij}| \leqslant 1$。

定义 6.7 假设 $\alpha_{gj} \leqslant \alpha_{ij}$，否则，$\alpha_{gj}$ 和 α_{ij} 应交换：

$$\alpha_{gj}^* = \begin{cases} \alpha_{ij} + \dfrac{(\alpha_{ij} - \alpha_{gj})(1 - \alpha_{ij})}{1 + \alpha_{ij}}, & \alpha_{ij} \neq -1 \\ \alpha_{ij}, & \alpha_{ij} = -1 \end{cases}$$

$$\alpha_{ij}^* = \begin{cases} \alpha_{gj} - \dfrac{(\alpha_{ij} - \alpha_{gj}) * (\alpha_{gj} + 1)}{1 - \alpha_{gj}}, & \alpha_{gj} \neq 1 \\ \alpha_{gj}, & \alpha_{gj} = 1 \end{cases}$$

（6-4）

可以证明： $-1 \leqslant \alpha_{ij}^* \leqslant \alpha_{gj} \leqslant \alpha_{ij} \leqslant \alpha_{gj}^* \leqslant 1$ 。

假设 $z_i = \begin{pmatrix} \alpha_{i1}^z & \alpha_{i2}^z & \cdots & \alpha_{im}^z \\ \beta_{i1}^z & \beta_{i2}^z & \cdots & \beta_{im}^z \end{pmatrix}$ 为接种后的量子个体，此时，按如下规则可得

到 α_{ij}^z ：

$$\alpha_{ij}^z = \begin{cases} (1-\alpha)\alpha_{gj}, & \mathrm{mod}\,(\theta,4) = 0 \\ R(\alpha * \alpha_{gj} + (1-\alpha)\alpha_{ij}, \alpha * \alpha_{gj} + (1-\alpha)\alpha_{ij}^*), & \mathrm{mod}\,(\theta,4) = 1 \\ R(\alpha * \alpha_{ij} + (1-\alpha)\alpha_{gj}, \alpha * \alpha_{ij} + (1-\alpha)\alpha_{gj}^*), & \mathrm{mod}\,(\theta,4) = 2 \\ \alpha * \alpha_{ij} + (1-\alpha), & \mathrm{mod}\,(\theta,4) = 3 \end{cases} \quad (6\text{-}5)$$

其中， α 是随机产生的实数，满足 $0 \leqslant \alpha \leqslant 1$ ， θ 为随机产生的非负整数，函数 $R(x,y)$ 是随机选择函数，表示从 x 和 y 中随机选择一个。

不难证明，当 $\mathrm{mod}(\theta,4)=0$ 时，生成的 α_{ij}^z 满足 $-1 \leqslant \alpha_{ij}^z \leqslant \alpha_{gj}$ ；当 $\mathrm{mod}(\theta,4)=1$ 或 $\mathrm{mod}(\theta,4)=2$ 时，生成的 α_{ij}^z 满足 $-1 \leqslant \alpha_{ij}^z \leqslant 1$ ；当 $\mathrm{mod}(\theta,4)=3$ 时，生成的 α_{ij}^z 满足 $\alpha_{ij} \leqslant \alpha_{ij}^z \leqslant 1$ 。

经重新定位的基因将有更多的机会以更高的适应度和更高的概率接近最优解的基因定位。疫苗接种操作反映了我们的策略标准：在基因定位上，好的个体比差的个体有更多被接受的机会。

3. 免疫测试

免疫测试是对接种了疫苗的个体进行检测，若适应度提高，则继续；若其适应度仍不如父代，说明在变异的过程中出现了严重的退化现象。这时，该个体将被父代中所对应的个体所取代。

6.3.4　信仰空间的设计和作用

6.3.4.1　信仰空间的进化——量子交叉

信仰空间的设计是文化算法的另一个重要的空间设计,该空间主要作用是提供一个明确的机制用来获取、存储和整合个体或群体解决问题的经验和行为。本节依据免疫量子进化算法的特点,按一定比例接受来自群体空间的当前最优解所对应的量子个体作为疫苗。对于信仰空间疫苗的更新策略,本节依据接受函数用来自群体空间的当前最优解所对应的量子个体去代替当前信仰空间的最差疫苗,并充分利用量子交叉的特点,完成自身的进化。其中,交叉是进化计算中的另一种搜索最优解的手段,通常采用的交叉操作有单点交叉、多点交叉、均匀交叉和算术交叉等,它们的共同点是限制在两个个体之间,当交叉的两个个体相同时,它们都不再奏效。在这里,我们使用量子的相干特性构造了一种新的交叉操作——全干扰交叉。在这种交叉操作中,种群中的所有抗体均参与交叉。若种群数为 5,抗体长为 8,具体操作信息见表 6.2 和表 6.3。

表 6.2　全干扰交叉前的抗体

编号	抗　体							
1	A(1)	E(2)	D(3)	C(4)	B(5)	A(6)	E(7)	D(8)
2	B(1)	A(2)	E(3)	D(4)	C(5)	B(6)	A(7)	E(8)
3	C(1)	B(2)	A(3)	E(4)	D(5)	C(6)	B(7)	A(8)
4	D(1)	C(2)	B(3)	A(4)	E(5)	D(6)	C(7)	B(8)
5	E(1)	D(2)	C(3)	B(4)	A(5)	E(6)	D(7)	C(8)

经过全干扰交叉操作后，种群中的抗体变为表 6.3 中的形式。

表 6.3　全干扰交叉后的抗体

编号	抗　体							
1	A(1)	A(2)	A(3)	A(4)	A(5)	A(6)	A(7)	A(8)
2	B(1)	B(2)	B(3)	B(4)	B(5)	B(6)	B(7)	B(8)
3	C(1)	C(2)	C(3)	C(4)	C(5)	C(6)	C(7)	C(8)
4	D(1)	D(2)	D(3)	D(4)	D(5)	D(6)	D(7)	D(8)
5	E(1)	E(2)	E(3)	E(4)	E(5)	E(6)	E(7)	E(8)

表 6.3 所列是一种按对角线重新排列组合的交叉方式，每个大写字母代表交叉后的一个新染色体，如 A(1)-A(2)-A(3)-A(4)-A(5)-A(6)-A(7)-A(8)，我们称这样的交叉方式为全干扰交叉。上面仅给出一种方式，我们还可以采用不同的方法产生交叉基因位来实施交叉。这种量子交叉可以尽可能多地利用种群中的染色体的信息，改进普通交叉的局部性与片面性；在种群进化出现早熟时，它能够产生新的个体，给进化过程注入新的动力。这种交叉操作借鉴的是量子的相干特性，可以克服普通染色体在进化后期的早熟现象。

6.3.4.2　接受函数

在群体空间的免疫量子进化算法过程中，每运行 AcceptStep 代时，用当前最优解所对应个体替换信仰空间中的最差个体。本节设置 AcceptStep = 20。

6.3.4.3　影响函数

群体空间的免疫量子进化算法每运行 InfluenceStep 代时，将会用信仰空间中经全干扰交叉后所得到的疫苗去接种群体空间的个体。

$$InfluenceStep = BaseNum + \frac{EndStep - CurrentStep}{EndStep} * DevNum$$

其中，EndStep 为预先设定的算法最大演化代数，CurrentStep 为算法当前代数，BaseNum 和 DevNum 为常数，本章分别取 10 和 30。这样在群体空间算法演化的初始阶段，信仰空间的疫苗对其影响较小，使其能够保证快速演化；在群体空间算法的后期，疫苗对其影响逐渐加大，使其能够更多地接受信仰空间的引导，同时扩大搜索空间，具备更好的全局搜索能力。因此，适当地选择影响函数，能够平衡开发和探寻能力，从而减少寻优的平均迭代次数。

6.4 实验研究

为了进一步测定算法性能，本章对项数 m=100、250 和 500 的背包问题，采用编程语言 Matlab7.0，在奔腾Ⅳ处理器上分别进行了 30 次独立计算。算法中参数的设置分别为种群规模大小 10，接种比例 40%，变异算子以概率 1 采用量子旋转门策略，具体的旋转角度选取为(0, 0, 0.01π, 0, −0.01π, 0, 0, 0)，最大终止代数为 1 000。上述问题可用算法 QEA 求解，实验表明 QEA 优于其他算法。同时将实验结果与算法 IQEA 中的实验结果一起进行比较，见表 6.4，表内括号中的值为种群规模，"—"表示未提供实验数据。

从表 6.4 中的实验数据可以清楚地看到，虽然 CIQEA 的群体规模不大，对于项数为 100 和 250 的背包问题，其最佳适应度值（利润）和平均适应度值（利润），比 CGA、QEA3 和 IQEA 有较明显的改善，即使对于项数为 500 的背包问题，实验结果也是有竞争力的。

表 6.4　算法运行结果统计比较

项数 m	性能	CGA(50)	QEA3(10)	IQEA(10)	CIQEA(10)
100	最优解	602.2	612.7	617.9	**635.04**
	平均解	593.6	609.5	614.0	**612.83**
	最差解	582.6	607.6	585.2	**600.01**
	均方差	4.958	2.404	—	**3.01**
250	最优解	1 472.5	1 525.2	1 519.5	**1 539**
	平均解	1 452.4	1 518.7	1 511.4	**1 519.3**
	最差解	1 430.1	1 515.2	1 471.3	**1 482.6**
	均方差	10.324	2.910	—	**7.90**
500	最优解	2 856.1	3 025.8	3 053.4	**3 017.9**
	平均解	2 831.0	3 008.0	3 036.5	**2 959.9**
	最差解	2 810.1	2 996.1	2 931.7	**2 918.8**
	均方差	11.264	8.039	—	**10.31**

同时，从最佳适应度（利益）随进化过程的变化曲线（见图 6.4）可看出：对于项数为 100 和 250 的背包问题，CIQEA 分别在 350 代和 650 代后能达到最优解，但 QEA3 却分别需要在 450 代和 800 代后才能收敛到最优解，算法的收敛特性得到很大的改进，这主要归功于 CIQEA 在进化过程中能够保持种群的多样性。但对于项数为 500 的背包问题，收敛特性的改善并不明显，这需要我们进一步研究。

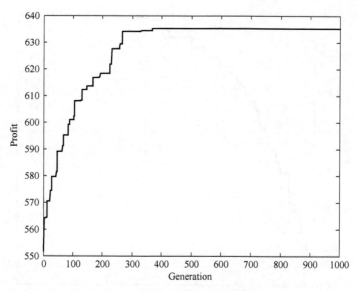

（a）CIQEA 所求 100 项背包问题最佳利润

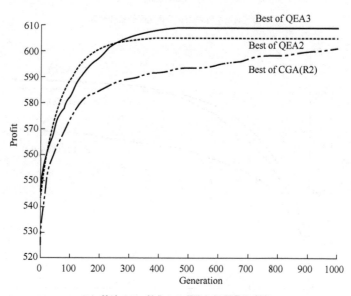

（b）算法 QEA 所求 100 项背包问题最佳利润

图 6.4　最佳适应度（利益）随进化过程的变化曲线

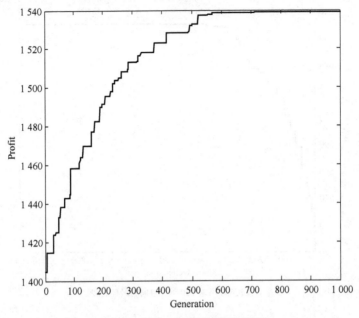

（c）CIQEA 所求 250 项背包问题最佳利润

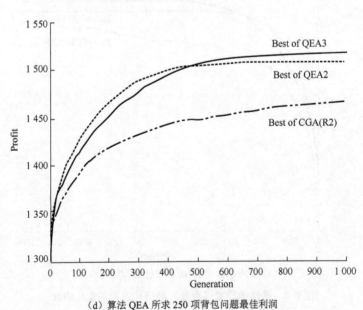

（d）算法 QEA 所求 250 项背包问题最佳利润

图 6.4 最佳适应度（利益）随进化过程的变化曲线（续）

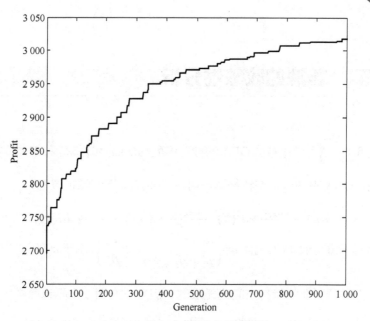

（e）CIQEA 所求 500 项背包问题最佳利润

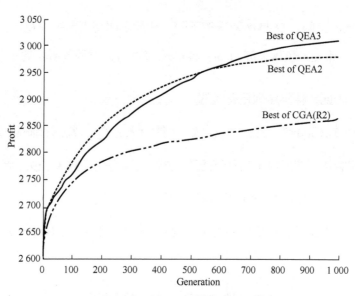

（f）算法 QEA 所求 500 项背包问题最佳利润

图 6.4　最佳适应度（利益）随进化过程的变化曲线（续）

6.5 算法的收敛性分析

定理 6.1 量子进化算法 QEA 的种群序列 $\{A(n),n \geqslant 0\}$ 是有限齐次马尔可夫链。

证明： QEA 中种群状态转移情况可以表示成如下的随机过程：

$$A(K) \xrightarrow{\text{measure}} A^1(K) \xrightarrow{\text{mutation}} A^2(K) \xrightarrow{\text{select}} A(K+1) \tag{6-6}$$

QEA 采用量子比特染色体 $q = \begin{pmatrix} \alpha_1 & \alpha_2 & \cdots\cdots & \alpha_m \\ \beta_1 & \beta_2 & \cdots\cdots & \beta_m \end{pmatrix}$，由于 α_i 的取值是连续的，

所以理论上种群所在的状态空间是无限的，但另一方面，实际运算中，α_i 是有限精度的，设 α_i 的精度是 ε（例如，ε 可为 10^{-5} 或 10^{-6}），则其维数为 $V = \dfrac{(Q_h - Q_l)}{\varepsilon}$，

Q_h 是 α_i 取值的上限，Q_l 是 α_i 取值的下限，在量子比特表示中，$Q_h = 1$、$Q_l = -1$，

所以 $V = \dfrac{2}{\varepsilon}$，假设染色体长度为 m，种群规模为 N，故种群所在的状态空间大小

为 $N * V^m$，因此，种群序列是有限的。

$A(K+1) = T(A(K)) = \boldsymbol{T}_s \circ \boldsymbol{T}_{\text{me}} \circ \boldsymbol{T}_{\text{mu}}(A(K))$，其中 $\boldsymbol{T}_s$、$\boldsymbol{T}_{\text{me}}$、$\boldsymbol{T}_{\text{mu}}$ 分别表示选择算子、

测量算子和旋转门变异算子的转移矩阵，它们均与进化代数 K 无关，因此，$A(K+1)$

仅与 $A(K)$ 有关，故 $\{A(n),n \geqslant 0\}$ 是有限齐次马尔可夫链。

设 S 为状态空间，f^* 是 S 中优化问题的最优解，令 $A^* = \{A \mid \max(f(A)) = f^*,$

$\forall A \in S\}$。

定义 6.8 $\{A(n),n \geqslant 0\}$ 是种群序列，如果对于任意的初始分布 $S_0 \in S$ 均有

$\lim\limits_{k \to \infty} P\{A(k) \in A^* \mid A(0) = S_0\} = 1$，则称算法收敛。

该定义表明，算法收敛是指当算法迭代到足够多的次数后，种群中包含全局最优个体的概率几乎为 1，这种定义即为通常所说的概率 1 收敛。

记 $P\{A(k) \in A^* | A(0) = S_0\}$ 为 P_k，则 $P_k = \sum_{i \in A^*} P\{A(k) = i | A(0) = S_0\}$

记 $P\{A(k) = i | A(0) = S_0\}$ 为 $P_i(k)$，则 $P_k = \sum_{i \in A^*} P_i(k)$ 　　　　　（6-7）

算法采用了精英保留策略，所以转移概率 $P_{ij}(k) = P\{A(k) = j | A(0) = i\}$ 有两种特殊情况：

$$\text{当 } i \in A^*, \ j \notin A^* \text{时}, P_{ij}(k) = 0 \qquad (6\text{-}8)$$

$$\text{当 } i \in A^*, \ j \in A^* \text{时}, P_{ij}(k) = 1 \qquad (6\text{-}9)$$

定理 6.2　QEA 是概率 1 收敛的。

证明： 由式（6-7）$P_k = \sum_{i \in A^*} P_i(k)$ 可知：

$$P_{k+1} = \sum_{i \notin A^*} \sum_{j \in A^*} P_i(k) P_{ij}(1) + \sum_{i \in A^*} \sum_{j \in A^*} P_i(k) P_{ij}(1) \qquad (6\text{-}10)$$

由转移概率的性质可知： $\sum_{j \notin A^*} P_{ij}(1) + \sum_{j \in A^*} P_{ij}(1) = 1$ 　　　　（6-11）

故

$$P_k = \sum_{i \in A^*} P_i(k) = \sum_{i \in A^*} P_i(k) \left(\sum_{j \in A^*} P_{ij}(1) + \sum_{j \notin A^*} P_{ij}(1) \right) \qquad (6\text{-}12)$$

$$= \sum_{i \in A^*} \sum_{j \in A^*} P_i(k) P_{ij}(1) + \sum_{i \in A^*} \sum_{j \notin A^*} P_i(k) P_{ij}(1)$$

由式（6-8）可知： $\sum_{i \in A^*} \sum_{j \notin A^*} P_i(k) P_{ij}(k) = 0$ 　　　　（6-13）

$$P_k = \sum_{i \in A^*} \sum_{j \in A^*} P_i(k) P_{ij}(1) \qquad (6\text{-}14)$$

故 $P_{k+1} = P_k + \sum_{i \notin A^*} \sum_{j \in A^*} P_i(k) P_{ij}(1) > P_k$ 　　　　（6-15）

所以， $1 \geqslant P_{k+1} > P_k > P_{k-1} > P_{k-2} \cdots > 0$。 　　　　（6-16）

因此，$\lim\limits_{k \to \infty} P_k = 1$。

由定义 6.8 可知，QEA 是概率 1 收敛的，于是定理 6.2 得证。

定理 6.3 CIQEA 的种群序列 $\{A(n), \ n \geqslant 0\}$ 是有限齐次马尔可夫链。

证明： CIQEA 中种群状态转移情况可以表示成如下的随机过程：

$$A(K) \xrightarrow{\text{measure}} A^1(K) \xrightarrow{\text{crossover}} A^2(K) \xrightarrow{\text{mutation}} A^3(K) \xrightarrow{\text{vaccination}} A^4(K)$$

$\xrightarrow{\text{test}} A^5(K) \xrightarrow{\text{select}} A(K{+}1)$，CIQEA 同样采用量子比特染色体 $q = \begin{pmatrix} \alpha_1 & \alpha_2 & \cdots\cdots & \alpha_m \\ \beta_1 & \beta_2 & \cdots\cdots & \beta_m \end{pmatrix}$，由于 α_i 的取值是连续的，所以理论上种群所在的状态空间

是无限的。但另一方面，实际运算中 α_i 是有限精度的，设 α_i 的精度是 ε（例如，ε 可为 10^{-5} 或 10^{-6}），则其维数为 $V = \dfrac{(Q_h - Q_l)}{\varepsilon}$，$Q_h$ 是 α_i 取值的上限，Q_l 是 α_i 取值的下限，在量子比特表示中，$Q_h{=}1$、$Q_l{=}{-}1$，所以 $V = \dfrac{2}{\varepsilon}$。假设染色体长度为 m，种群规模为 N，故种群所在的状态空间大小是 $N * V^m$，因此，种群序列是有限的。

$$A(K{+}1) = T(A(K)) = \boldsymbol{T}_s \circ \boldsymbol{T}_{te} \circ \boldsymbol{T}_{va} \circ \boldsymbol{T}_{mu} \circ \boldsymbol{T}_c \circ \boldsymbol{T}_{me}(A(K)) \tag{6-17}$$

其中，$\boldsymbol{T}_s$、$\boldsymbol{T}_{te}$、$\boldsymbol{T}_{va}$、$\boldsymbol{T}_{mu}$、$\boldsymbol{T}_c$ 和 $\boldsymbol{T}_{me}$ 分别表示选择算子、测试算子、接种算子、旋转门变异算子、交叉算子和测量算子的转移矩阵，它们均与进化代数 K 无关，因此，$A(K{+}1)$ 仅与 $A(K)$ 有关，故 $\{A(n), n \geqslant 0\}$ 是有限齐次马尔可夫链。

定理 6.4 CIQEA 是概率 1 收敛的。

证明： 参考定理 6.2 的证明。

6.6　本章总结

　　本章提出了一种改进的免疫量子进化算法，并将其纳入文化算法框架，是为了从理论上探讨在处理复杂问题时如何有效地将局部特征信息形成相应的知识，并通过知识自身的演化，用来指导寻找全局最优解的可行性与有效性。该方法形成了一种新型的双演化、双促进的文化免疫量子进化计算模式，通过将免疫接种算法和量子进化算法有机集成，实现了在搜索过程中"勘探"和"开采"之间的平衡。具体而言，信仰空间接纳了一定数量来自群体空间的精英个体作为疫苗，并将其作为一个独立的空间，按一定的模式和群体空间并行进化，从而改善疫苗的多样性，并有效避免早熟。所形成的疫苗反过来以一定的强度指导群体空间并行的搜索过程，可以抑制或避免求解过程中的一些重复和无效的工作，从而使算法的整体性能得到提高。文化免疫量子进化算法可以通过对进化环境的自适应和自学习，有针对性地抑制由量子变异操作的盲目性而引起的退化现象。我们不仅用 Markov 随机过程理论证明了该算法的收敛性，同时对典型组合优化问题——0/1 背包问题进行了仿真实验。仿真结果表明，与传统遗传算法、量子进化算法、免疫量子进化算法相比，文化免疫量子进化算法既是有效的，也是可行的，并能够进一步提高算法的收敛速度，改善算法的性能。下一步的工作是研究更合理的疫苗接种模式和不同类型的影响函数，以进一步提高算法性能。

第 7 章

总结与展望

公共信息（PI）是普遍存在的现象。它作为一个概念出现在涉及决策过程的领域。其中，个体可以从其他人那里提取信息来评估资源质量。PI 的使用可以丰富进化模型，并对进化预测有显著影响。未来的研究应该探索进化情景受 PI 使用影响的程度。这表明文化进化也许比现在想象得更广泛。研究的目的是调查目前被认为是遗传传播的许多特性是否涉及文化过程。此外，尽管许多工作致力于探索生物进化如何影响文化，但我们建议进化生物学家也应该考虑文化进化如何影响生物进化问题。

Étienne Danchin 和 Luc-Alain Giraldeau, *Science*, 2004

7.1　工作的主要创新性成果

优化作为一个重要的科学分支，一直倍受重视，它对多个学科产生了重大影响，并在诸多工程领域得到了迅速推广和应用，已成为不同领域中不可或缺的工具。

随着人类探索脚步的不断前进，复杂性、非线性和系统性问题越来越多地呈现在人们眼前。很多优化问题，如旅行商问题、0/1 背包问题、生产调度问题等，已被证明是 NP 完全问题，至今没有有效的多项式时间解法，只能用传统的最优化方法求解，需要的计算时间与问题的规模成指数关系，这使传统方法已经逐渐陷入困境。自二十世纪六十年代以来，进化计算的出现为解决这类问题开辟了一条崭新的途径，进化算法一般根据其起源和具体实现方式不同分为遗传算法、进化策略和进化规划。进化算法的实质就是模拟生物在自然环境中的遗传和进化过程而形成的一种自适应全局优化概率搜索算法，主要依据是达尔文的自然选择与孟德尔的遗传变异理论。

到二十世纪九十年代，许多群体生物的自适应优化现象不断给人类以启示，群居生物的群体行为使许多高度复杂的优化问题得到了完美的解决。科学家通过对群体生物的观察与研究开创了以模仿自然界群体生物行为特征的群体智能研究领域。群体智能包括两种群体智能算法模型，即蚁群算法模型和粒子群算法模型。

人类在发掘生物进化机制进行仿生研究的同时，也受物理学的启发而萌发了拟物探索。二者相互渗透，取长补短，创造了许多成功的理论。量子力学是二十世纪最惊心动魄的发现之一，它为信息科学在下个世纪的发展提供了新的原理和方法。人们不断尝试将量子理论与进化算法进行结合，以实现更加高效的、以量子计算的形式工作的进化算法。

然而，从进化的机制角度来看，生物种群在其长期进化中也会形成自己的文化。生物种群的文化，以传递和处理信息为基础，它有选择性地积累起个体的后天所得。它用一种无形规则指导着生物种群适应生态环境，改变生态。文化同气候、土壤、地形等因素一样，也是推动生态系统进化的一个重要因素。而生态系统持续性的机制则在于基因、文化、生态的协同进化。正是这种协同进化为物种的多样性、生态的动态平衡提供了基础。

为此，人们不断探索和研究将文化进化的思想融入现代计算智能的理论与实践中，孜孜以求适合大规模并行且具有智能特征的协同进化计算新方法。本书的主要内容就是研究和探讨如何发掘文化进化机制和自然进化机制在现代计算智能的理论与实践中的和谐统一，使二者相互渗透、取长补短，形成一系列的研究理论，并将这些理论有效地应用到实践中，从而进一步完善理论研究体系。本书对促进优化新技术发展，构建新一代模拟文化和自然界协同进化机制的智能优化理论体系具有重要的意义。

本书首先研究了文化算法的计算框架和算法思想，并将文化进化思想融入进化算法的理论与实践中，提出了一种改进的基于进化规划的文化算法，并研究了该算法在解决复杂约束优化问题中的应用。随后,针对新兴的演化计算技术——群体智能算法模型,研究了文化蚁群算法模型和文化粒子群算法两种模型,这样一方面是探索一种新的群体智能计算模型,使之能更有效地解决传统方法难以处理的大规模复杂性问题,另一方面拓展了群体智能的应用领域,使群体智能能够解决更多的工程实践问题。最后,提出了一种文化免疫量子进化算法,并通过组合优化问题验证效果。本书的研究工作取得的创新性成果主要有以下几项。

(1)基于进化规划的文化算法计算模型。

将文化算法的思想结合到进化规划中,研究了一种基于进化规划的文化算法,算法的主要新特征是采用进化规划来对群体空间建模,并根据相应的群体空间,对信仰空间在进化过程中如何提取、存储和更新各种知识源进行了详细的分析和设计,并将所得到的新知识用于指导群体的进化过程。在此基础上,本书对标准的进化规划做了进一步的改进,当采用锦标赛选择机制时,对有相同数目的得分数的最优个体应计算个体的偏移量,具有更大的转移因子的个体可优先被选中,这是一个很重要的技术,可以保持种群的多样性和分布的广泛性。最后,研究了该算法在解决复杂约束优化问题中的应用,为了验证算法的有效性,本书使用了一个典型的基准测试函数进行仿真实验,并与目前其他较好的约束优化处理算法进行了详细比较。仿真结果表明:该算法具有更好的优化性能及更低的运算代价。

(2)文化粒子群优化算法模型研究。

研究了一种协同进化计算模型——文化粒子群优化算法模型。该算法模型将粒子群优化算法纳入文化算法框架,组成基于粒子群优化算法的群体空间和信仰空间，这两个空间具有各自群体，并独立并行演化。论文根据粒子群优化算法的特点，将信仰空间分为四种知识源，并详细分析和设计了不同的影响因子，用于动态调节各种知识源在进化过程所起的作用。对于群体空间，分别提出了 3 种改进算法，即差分粒子群优化算法、自适应变异的差分粒子群优化算法和自适应柯西变异粒子群优化算法，分别用以解决连续空间无约束优化问题、约束优化问题和高维无约束优化问题，并通过一系列的测试函数对以上几种改进算法做了大量运算实验，对实验结果做统计分析，讨论各种改进算法的优劣。实验结果表明：充分设计和利用好信仰空间的各种知识源，对于提高算法的优化性能与搜索效率有重要的意义。

（3）文化蚁群优化算法模型研究。

研究了蚁群优化算法的特点，提出了一种新的高效文化蚁群优化算法模型。该计算模型包含基于蚁群系统的群体空间和基于当前最优解的信仰空间，这两个空间具有各自群体，并独立并行演化。群体空间定期将最优解贡献给信仰空间，信仰空间依概率进行 2-opt 交换操作，对最优解进行变异优化，将经演化后的解个体用于对群体空间全局信息更新，帮助指导群体空间的进化过程，这样能提高种群多样性，有效克服早熟收敛现象，使得搜索效率和搜索能力得到更进一步的提高。对典型的 TSP 问题进行了对比实验，验证了所提出的算法在速度和精度方面优于传统的蚁群系统这一结论。

（4）文化免疫量子进化算法及性能研究。

将免疫算子的概念结合到量子进化算法中，研究了一种改进的免疫量子进化算法，并将其纳入文化算法框架，是为了从理论上探讨在量子进化算法中如何有效将局部特征信息形成相应的知识，并通过知识自身的演化，用于指导寻找全局最优解的可行性与有效性。该方法形成了一种新型的双演化、双促进的文化免疫量子进化计算模式，通过将免疫接种算法和量子进化算法的有机集成，实现了在搜索过程中勘探和开采之间的平衡。具体而言，信仰空间接纳一定数量来自群体空间的精英个体作为疫苗，并将其作为一个独立的空间，按一定的模式和群体空间并行进化，从而改善疫苗的多样性，并能避免早熟。所形成的疫苗反过来以一定的强度指导群体空间并行的搜索过程，可以抑制或避免求解过程中的一些重复和无效的工作，从而使算法的整体性能得到提高。文化免疫量子进化算法可以通过对进化环境的自适应和自学习，有针对性地抑制由量子变异操作的盲目性而引起的退化现象。理论分析和仿真结果表明，与 CGA、QEA3 和免疫量子进化算法（IQEA）相比，文化免疫量子进化算法不仅是有效的，也是可行的，并能进一步提高算法的收敛速度，改善算法的性能。

7.2　工作展望

在计算智能中，考虑文化和生物协同进化机制具有重要意义，这是进化计算很有发展潜力的分支。本书尝试将文化进化机制与自然界进化机制中的仿生机理和拟物的思想相互渗透、协同进化，融入现代计算智能技术中。虽然在这一领域取得了一定的研究成果，但鉴于作者能力和时间等多种因素的关系，本书所取得的成果只是初步性的和阶段性的，还有许多方面有待进一步完善和探索。

不过，本书在对这一领域进行探索的过程中，进行了一些积极的思考。具体而言，主要有以下几个方面。

（1）文化算法的基础理论研究。文化算法在知识和群体层面使用双重进化机制支持问题的解决和知识的提取。这种结构使其能很好地用于数据丰富但知识贫乏的分布式环境中。该算法用于优化问题，可使优化具有很强的发现较好解的能力，同时算法本身易于并行化，也为解决复杂优化问题提供了新的途径，在动态环境下也表现出高度的灵活性和健壮性，而这些在一些实例和数值实验中已得到证明。然而，目前对文化算法的研究尚处于起步阶段，偏重于应用，缺乏系统的分析和坚实的数学基础，没有很完善的体系，将来在这方面的研究会极大地推进计算智能研究的发展。

（2）本书在研究文化群体智能算法模型时，未涉及群的拓扑结构，而拓扑结构对知识和信息在群内的转移和流动起着非常重要的作用。能否通过研究不同子群间文化的交流和传递机制，结合一些理论和方法，对不同子群间相关性、协调关系进行量化分析，从而得到一些指导拓扑结构设计的方法，也值得读者探索。

（3）用群体智能的思路解决多目标问题应该是非常有前途的。研究更快速、有效的基于粒子群的多目标优化方法，将文化进化机制引入其中，以提高算法所得非劣解集的分散性，这是需要进一步研究的工作。

（4）在量子计算特性研究方面，研究结果表明，量子的叠加原理、相干性、纠缠性、不可克隆定理隐形传态、测不准原理分别与智能的本质特征模糊性、能动性、整体性和开放性有内在的必然联系。虽然量子计算拥有诸多智能特性，但在本书的文化免疫量子进化计算模型中，真正被利用的特性却相当有限，因此，加紧研究量子计算的智能特征，从而能够更多、更有效地应用在优化技术中是今后笔者要努力的方向。目前，量子计算机尚在实验阶段，随着量子计算机的研究逐步深入，基于量子的进化算法也一定能获得突破性的进展。

　　总之，基于文化算法的协同进化计算模型的研究是一个比较热门的研究领域，其中还有很多工作需要继续开展，本书所述的内容虽然还比较浮浅，而且缺乏一定的系统性，但毕竟还是做出了积极的探索。我们希望本书中已经取得的研究成果和总结的经验教训，能为同行的研究提供一些有意义的参考。

部分测试函数

g01

$$\text{Minimize } f(x) = 5\sum_{i=1}^{4} x_i - 5\sum_{i=}^{4} x_i^2 - \sum_{i=5}^{13} x_i$$

Subject to

$$g_1(x) = 2x_1 + 2x_2 + x_{10} + x_{11} - 10 \leqslant 0$$

$$g_2(x) = 2x_1 + 2x_3 + x_{10} + x_{12} - 10 \leqslant 0$$

$$g_3(x) = 2x_2 + 2x_3 + x_{11} + x_{12} - 10 \leqslant 0$$

$$g_4(x) = -8x_1 + x_{10} \leqslant 0$$

$$g_5(x) = -8x_2 + x_{11} \leqslant 0$$

$$g_6(x) = -8x_3 + x_{12} \leqslant 0$$

$$g_7(x) = -2x_4 - x_5 + x_{10} \leqslant 0$$

$$g_8(x) = -2x_6 - x_7 + x_{11} \leqslant 0$$

$$g_9(x) = -2x_8 - x_9 + x_{12} \leqslant 0$$

其中，$0 \leqslant x_i \leqslant 1(i=1,2,\cdots,9)$，$0 \leqslant x_i \leqslant 100(i=10,11,12)$，$0 \leqslant x_{13} \leqslant 1$，全局最小在 $x^*=(1,1,1,1,1,1,1,1,1,3,3,3,1)$处，$f(x^*)=-15$。

g02

$$\text{Maximize } f(x) = \left| \frac{\sum_{i=1}^{n} \cos^4(x_i) - 2\prod_{i=1}^{n} \cos^2(x_i)}{\sqrt{\sum_{i=1}^{n} ix_i^2}} \right|$$

Subject to

$$g_1(x) = 0.75 - \prod_{i=1}^{n} x_i \leqslant 0$$

$$g_2(x) = \sum_{i=1}^{n} x_i - 7.5n \leqslant 0$$

其中，$n=20$，$0 \leqslant x_i \leqslant 10(i=1,2,\cdots,n)$，全局最大未知，目前发现最优值 $f(x^*)=0.803619$。

g03

$$\text{Maximize } f(x) = (\sqrt{n})^n \prod_{i=1}^{n} x_i$$

Subject to

$$h_1(x) = \sum_{i=1}^{n} x_i^2 - 1 = 0$$

其中，$n=10$，$0 \leqslant x_i \leqslant 1(i=1,2,\cdots,n)$，全局最大在 $x_i^* = 1/\sqrt{n}(i=1,\cdots,n)$处，$f(x^*)=1$。

g04

Minimize $f(x) = 5.3578547x_3^2 + 0.8356891x_1x_5 + 37.293239x_1 - 40792.141$

Subject to

$g_1(x) = 85.334407 + 0.0056858x_2x_5 + 0.0006262x_1x_4 - 0.0022053x_3x_5 - 92 \leqslant 0$

$g_2(x) = -85.334407 - 0.0056858x_2x_5 - 0.0006262x_1x_4 + 0.0022053x_3x_5 \leqslant 0$

$g_3(x) = 80.51249 + 0.0071317x_2x_5 + 0.0029955x_1x_2 + 0.0021813x_3^2 - 110 \leqslant 0$

$g_4(x) = -80.51249 - 0.0071317x_2x_5 - 0.0029955x_1x_2 - 0.0021813x_3^2 + 90 \leqslant 0$

$g_5(x) = 9.300961 + 0.0047026x_3x_5 + 0.0012547x_1x_3 + 0.0019085x_3x_5 - 25 \leqslant 0$

$g_6(x) = -9.300961 - 0.0047026x_3x_5 - 0.0012547x_1x_3 - 0.0019085x_3x_5 + 20 \leqslant 0$

其中，$78 \leqslant x_1 \leqslant 102$，$33 \leqslant x_2 \leqslant 45$ 和 $27 \leqslant x_i \leqslant 45$ $(i = 3,4,5)$。全局最小在 $x^* =$ (78, 33, 29.995256025682, 45, 36.775812905788)处，$f(x^*)$=-30665.539。

g05

Minimize $f(x) = 3x_1 + 0.000001x_1^3 + 2x_2 + (0.000002/3)x_2^3$

Subject to

$g_1(x) = -x_4 + x_3 - 0.55 \leqslant 0$

$g_2(x) = -x_3 + x_4 - 0.55 \leqslant 0$

$h_3(x) = 1000\sin(-x_3 - 0.25) + 1000\sin(-x_4 - 0.25) + 894.8 - x_1 = 0$

$h_4(x) = 1000\sin(x_3 - 0.25) + 1000\sin(x_3 - x_4 - 0.25) + 894.8 - x_2 = 0$

$$h_5(x) = 1000\sin(x_4 - 0.25) + 1000\sin(x_4 - x_3 - 0.25) + 1294.8 = 0$$

其中，$0 \leqslant x_1 \leqslant 1200$，$0 \leqslant x_2 \leqslant 1200$，$-0.55 \leqslant x_3 \leqslant 0.55$，$-0.55 \leqslant x_4 \leqslant 0.55$，

已知最优解 $x* = (679.9453, 1026.067, 0.1188764, -0.3962336)$，$f(x*) = 5126.4981$。

g06

Minimize $f(x) = (x_1 - 10)^3 + (x_2 - 20)^3$

Subject to

$$g_1(x) = -(x_1 - 5)^2 - (x_2 - 5)^2 + 100 \leqslant 0$$

$$g_2(x) = (x_1 - 6)^2 - (x_2 - 5)^2 - 82.8 \leqslant 0$$

其中，$13 \leqslant x_1 \leqslant 100$，$0 \leqslant x_2 \leqslant 100$，最优解是 $x* = (14.095, 0.84296)$，$f(x*) = -6961.81388$。

g07

Minimize

$$f(x) = x_1^2 + x_2^2 + x_1 x_2 - 14x_1 - 16x_2 + (x_3 - 10)^2 + 4(x_4 - 5)^2 + (x_5 - 3)^2$$
$$+ 2(x_6 - 1)^2 + 5x_7^2 + 7(x_8 - 11)^2 + 2(x_9 - 10)^2 + (x_{10} - 7)^2 + 45$$

Subject to

$$g_1(x) = -105 + 4x_1 + 5x_2 - 3x_7 + 9x_8 \leqslant 0$$

$$g_2(x) = 10x_1 - 8x_2 - 17x_7 + 2x_8 \leqslant 0$$

$$g_3(x) = -8x_1 + 2x_2 + 5x_9 - 2x_{10} - 12 \leqslant 0$$

$$g_4(x) = 3(x_1 - 2)^2 + 4(x_2 - 3)^2 + 2x_3^2 - 7x_4 - 120 \leqslant 0$$

$$g_5(x) = 5x_1^2 + 8x_2 + (x_3 - 6)^2 - 2x_4 - 40 \leqslant 0$$

$$g_6(x) = x_1^2 + 2(x_2 - 2)^2 - 2x_1x_2 + 14x_5 - 6x_6 \leqslant 0$$

$$g_7(x) = 0.5(x_1 - 8)^2 + 2(x_2 - 4)^2 + 3x_5^2 - x_6 - 30 \leqslant 0$$

$$g_8(x) = -3x_1 + 6x_2 + 12(x_9 - 8)^2 - 7x_{10} \leqslant 0$$

其中，$-10 \leqslant x_i \leqslant 10 (i = 1, \cdots, 10)$，最优解是 $x* = (2.171996, 2.363683, 8.773926,$ 5.095984, 0.9906548, 1.430574, 1.321644, 9.828726, 8.280092, 8.375927)，$f(x*) =$ 24.306 209 1。

g08

Maximize $f(x) = \dfrac{\sin^3(2\pi x_1)\sin(2\pi x_2)}{x_1^3(x_1 + x_2)}$

Subject to

$$g_1(x) = x_1^2 - x_2 + 1 \leqslant 0$$

$$g_2(x) = 1 - x_1 + (x_2 - 4)^2 \leqslant 0$$

其中，$0 \leqslant x_1 \leqslant 10$，$0 \leqslant x_2 \leqslant 10$，最优解是 $x* = (1.2279713, 4.2453733)$，$f(x*) =$ 0.095825。

g09

Minimize $f(x) = (x_1 - 10)^2 + 5(x_2 - 12)^2 + x_3^4 + 3(x_4 - 11)^2 + 10x_5^6 + 7x_6^2 + x_7^4 -$ $4x_6x_7 - 10x_6 - 8x_7$

Subject to

$$g_1(x) = -127 + 2x_1^2 + 3x_2^4 + x_3 + 4x_4^2 + 5x_5 \leqslant 0$$

$$g_2(x) = -282 + 7x_1 + 3x_2 + 10x_3^2 + x_4 - x_5 \leqslant 0$$

$$g_3(x) = -196 + 23x_1 + x_2^2 + 6x_6^2 - 8x_7 \leqslant 0$$

$$g_4(x) = 4x_1^2 + x_2^2 - 3x_1x_2 + 2x_3^2 + 5x_6 - 11x_7 \leqslant 0$$

其中，$-10 \leqslant x_i \leqslant 10(i=1,\cdots,7)$，最优解是 $x* = (2.330499, 1.951372, -0.4775414,$ $4.365726, 0.6244870, 1.038131, 1.594227)$，$f(x*) = 680.6300573$。

g10

Minimize $f(x) = x_1 + x_2 + x_3$

Subject to

$$g_1(x) = -1 + 0.0025(x_4 + x_6) \leqslant 0$$

$$g_2(x) = -1 + 0.0025(x_5 + x_7 - x_4) \leqslant 0$$

$$g_3(x) = -1 + 0.01(x_8 - x_5) \leqslant 0$$

$$g_4(x) = -x_1x_6 + 833.33252x_4 + 100x_1 - 83333.333 \leqslant 0$$

$$g_5(x) = -x_2x_7 + 1250x_5 + x_2x_4 - 1250x_4 \leqslant 0$$

$$g_6(x) = -x_3x_8 + 1250000 + x_3x_5 - 2500x_5 \leqslant 0$$

其中，$100 \leqslant x_1 \leqslant 1000$，$1000 \leqslant x_i \leqslant 10000(i=2,3)$ 和 $10 \leqslant x_i \leqslant 1000(i=4,\cdots,8)$，最优解是 $x* = (579.3167, 1359.943, 5110.071, 182.0174, 295.5985, 217.9799, 286.4162,$ $395.5979)$，$f(x*) = 7049.3307$。

g11

Minimize $f(x) = x_1^2 + (x_2 - 1)^2$

Subject to

$h(x) = x_2 - x_1^2 = 0$

其中，$-1 \leqslant x_1 \leqslant 1$，$-1 \leqslant x_2 \leqslant 1$，最优解是 $x^* = (\pm 1/\sqrt{2}, 1/2)$，$f(x^*) = 0.75$。

g12

Maximize $f(x) = (100 - (x_1 - 5)^2 - (x_2 - 5)^2 - (x_3 - 5)^2)/100$

Subject to

$g_1(x) = (x_1 - p)2 + (x2 - q)2 + (x3 - r)2 - 0.0625 \leqslant 0$

其中，$0 \leqslant x_i \leqslant 10(i = 1, 2, 3)$，$p,q,r = 1, 2, \cdots, 9$，最优解是 $x^* = (5, 5, 5)$，$f(x^*) = 1$。

g13

Minimize $f(x) = e^{x_1 x_2 x_3 x_4 x_5}$

Subject to：

$h_1(x) = x_1^2 + x_2^2 + x_3^2 + x_4^2 + x_5^2 - 10 = 0$

$h_2(x) = x_2 x_3 - 5x_4 x_5$

$h_3(x) = x_1^3 + x_2^3 + 1 = 0$

其中，$-2.3 \leqslant x_i \leqslant 2.3$ ($i=1,2$)，$-3.2 \leqslant x_i \leqslant 3.2$ ($i=3,4,5$)，最优解是 $x^* = (-1.717143, 1.595709, 1.827247, -0.7636413, -0.763645)$，$f(x^*) = 0.0539498$。

参 考 文 献

[1]   Étienne D, Luc-Alain G, Thomas J. V, etal. Public information: from nosy neighbors to cultural evolution[J]. Science. 2004, 305(23):487-491.

[2]   杨进. 无线传感器网络路由与定位优化研究[D]. 华南理工大学，2017.

[3]   张敏霞. 生物地理学优化算法及其在应急交通规划中的应用研究[D]. 浙江工业大学，2015.

[4]   丁大维. 基于 MOEA/D 的优化技术及其在天线优化设计中的应用[D]. 中国科学技术大学，2015.

[5]   夏红刚. 和声搜索算法的改进及应用研究[D]. 东北大学，2016.

[6]   刘汉敏. 卫星姿态控制智能算法研究[D]. 中国地质大学，2013.

[7]   Bellman.R. Dynamic Programming[M]. Princeton University Press, 1965.

[8]   Bellman R, Dreyfus S. Applied dynamic programming[M]. Princeton University Press, 1962.

[9]   Kalman R E. Contributions to the theory of optimal control[J]. Bol. Soc. Mexiccana, 1960, 5: 102-119.

[10]   Kalman R E. When is a linear system optimal[J]. Trans. ASME Ser.D:J.Basic ENG. 1961, 86:1-10.

[11] Dantzig, George B. Linear programming and extensions[M]. Princeton: Princeton University Press, 1963.

[12] Holland J H. Adaptation in natural and artificial system[D]. Ann Arbor: University of Michigan Press, 1975.

[13] Hollstein R B. Artificial genetic adaptation in computer control systems[D]. University of Michigan, 1971.

[14] De Jong. An analysis of the behavior of a class of genetic adaptive systems[D]. University of Michigan, 1976.

[15] Goldberg D E.Genetic algorithms in search, optimization and machine learning[M]. Reading. MA: Addison-Wesley, 1989.

[16] 冯智莉，易国洪，李普山，等. 并行化遗传算法研究综述[J]. 计算机应用与软件，2018，35(11):1-7，80.

[17] 郭彩杏，郭晓金，柏林江. 改进遗传模拟退火算法优化 BP 算法研究[J]. 小型微型计算机系统，2019，40(10):2063-2067.

[18] 罗帆. 基于混合禁忌退火遗传算法的测试数据生成的研究[D]. 华中科技大学，2016.

[19] 牟健慧，潘全科，牟建彩，等. 基于遗传变邻域混合算法的带交货期的单机车间逆调度方法[J]. 机械工程学报，2018，54(03):148-159.

[20] Goldberg D E, Korb B, Deb K. Messy genetic algorithms: motivation, analysis, and first results[J]. Complex System. 1998, 3:493-530.

[21] Davis L. Handbook of genetic algorithms[M]. New York: Van Nostrand Reinhold, 1991.

[22] Tsutsui S, Fujimoto Y, Ghosh A A. Forking genetic algorithms: GAs with search space division schemes[J]. Evolutionary Computation, 2017, 5(5)61-80.

[23] 沈大川. 基于统计模型检验的并发程序自动生成[D]. 南京大学，2019.

[24] 卞志兵，高正夏，杨爱婷，等. 基于广义遗传算法的路基沉降预测方法应用[J]. 江南大学学报（自然科学版），2015，14(04):468-471.

[25] Leung Y, Gao Y, Xu Z B. Degree of population diversity-a perspective on premature convergence in genetic algorithms and its Markov chain analysis[J]. IEEE Trans. On NeuralNetworks. 1997, 8(5):1165-1176.

[26] Rudolph G. Convergence properties of canonical genetic algorithms[J]. IEEE Transactions on Neural Networks. 1994, 5(1):96-101.

[27] 徐宗本，聂赞坎，张文修. 遗传算法的几乎必然强收敛性：鞅方法[J]. 计算机学报，2002，25(2):785-793.

[28] 张宇山. 进化算法的收敛性与时间复杂度分析的若干研究[D]. 华南理工大学，2013.

[29] Rudolph G. On correlated mutation in evolution strategies[M]. In: Parallel Problem Solving from Nature, Netherlands: Elsevier science Press, 1992: 105-114.

[30] 李敏强，寇纪淞. 遗传算法的模式欺骗性分析[J]. 中国科学（E 辑），2002，

32(1).

[31] 徐宗本，高勇. 遗传算法过早收敛现象的特征分析及其预防[J]. 中国科学（E

辑），1996，26(4):364-375.

[32] 徐宗本，陈志平，章祥荪. 遗传算法基础理论研究的新近进展[J]. 数学进展，

2001，29(2):97-113.

[33] 张文修，梁怡. 遗传算法的数学基础[M]. 西安交通大学出版社，2000.

[34] Rechenberg I. Cybernetic solution path of an experimental problem[M]. UK:

Farnborough, 1965.

[35] Rechenberg I.Evolutions strategies[M]. Stuttgart: Frommann Holzboog Verlag,

1973.

[36] Schwefel H P. Numerical optimization of computer models[M]. Chichester, John

Wiley, 1981.

[37] Fogel L, Owens A. , Walsh M. Artificial intelligence through simulated

evolution[M]. New York: John Wiley & Sons. 1966.

[38] Yao X., Liu Y. , Lin G. Evolutionary programming made faster[J]. IEEE

Transactions on Evolutionary Computation, 1999, 3(2):82-102.

[39] Iwamatsu N. Generalized evolutionary programming with Lévy-type mutation[J].

Computer Physics Communications, 2002, 147:729-732.

[40] Back T , Rudolph G , Schwefel H P. Evolutionary programming and evolution

strategies: Similarities and differences. In: Proceedings of the second Ann.

Conference on Evolutionary programming. Evolutionary Programming Society, La Jolla.1993, 11-22.

[41] 刘峰，刘贵忠，张苗生．进化规划的 Markov 过程分析及收敛性[J]．电子学报．1998，26(8):76-79.

[42] 郭崇慧，唐焕文．演化策略的收敛性[J]．计算数学，2001，23(1):105-110.

[43] 郭崇慧，唐焕文．一类改进的进化规划算法及其收敛性[J]．高校计算数学学报，2002，24(1):51-56.

[44] 陈天石．演化算法的计算复杂性研究[D]．中国科学技术大学，2010.

[45] 彭宏，王兴华．具有 Elitist 选择的遗传算法的收敛速度估计[J]．科学通报，1997，42(2):144-146.

[46] Zhang J S. Iterative method for finding the balanced growth solution of the nonlinear dynamic input-output model and the dynamic CGE Model[J]. Economic Modeling. 2001, 18:117-132.

[47] 王云，唐焕文．单峰函数最优化问题的进化策略[J]．计算数学，2000，22(4):465-472.

[48] Duncan B S. Parallel evolutionary programming[J]. In: Proceedings of the Second Ann. Conference on Evolutionary Programming. Evolutionary Programming Society, La Jolla. 1993, 202-208.

[49] 陈国良，王煦法，庄镇泉．遗传算法及其应用[M]．北京：人民邮电出版社，1995.

[50] 姚新，陈国良. 进化算法研究进展[J]. 计算机学报，1995，18(9):694-706.

[51] 马永杰，陈敏，龚影，等. 动态多目标优化进化算法研究进展[J/OL]. 自动化学报：1-18[2019-12-19]. https://doi.org/10.16383/j.aas.c190489.

[52] 潘正君，康立山，陈毓屏. 演化计算[M]. 北京:清华大学出版社，1998.

[53] Song, Y., Wang, F. , Chen, X. An improved genetic algorithm for numerical function optimization[J]. Applied Intelligence, 2019, 49(5):1880-1902.

[54] Fogel D B. Empirical estimation of the computation required to discover approximate solutions to the traveling salesman problem using evolutionary programming. in Proc. of the Second Ann. Conf. on Evolutionary programming[J]. Evolutionary Programming Society, 1993.

[55] Bersini H, Varela F J. Hints for adaptive problem solving cleaned from Immune Networks[J]. In Proc the First Workshop on Parallel Problem Solving from Nature, 1990, 343-354.

[56] Forrest S, Hofmeyr S A. Immunology as processing. Design Principles for Immune System&Other Distributed Autonomous Systems[M]. Oxford Univ. Press, 2000.

[57] 芦天亮，蔡满春，高见. 基于人工免疫理论的 shellcode 检测方法[J]. 计算机应用研究，2018，35(08):2409-2411，2416.

[58] Dasgupta D, Forrest S.Artificial Immune Systems in Industrial Applications[J]. In: Proceedings of the Second International Conference on Intelligent Processing

and Manufacturing of Materials. 1999, 1:257-267.

[59] Dasgupta D.Artificial neural network and artificial immune network: Similarities and Differences[J]. In: IEEE International Conference on System, Man and Cybernetics, Orlando Florida, USA. 1997, 10: 873-878.

[60] Hunt J E, Cooke D E. Learning using an artificial immune system[J]. Journal of Network and Computer Applications. 1996, 19:189-212.

[61] Hunt J E, Cooke D E.An adaptive, distributed learning system based on the immune system[J]. In: IEEE International Conference on Systems, Man and Cybernetics. Vancouver, British Colombia, Canada. 1995, 10:2494-2499.

[62] Neal M, Hunt J, Timmis J. Augmenting an Artificial Immune Network[J]. In: IEEE International Conference on System, Man and Cybernetics. San Diego, California, USA. 1998, 10:3821-3826.

[63] 胡东方，李奕辰，李彦兵. 基于卡诺和人工免疫系统的顾客需求产品设计[J]. 计算机集成制造系统，2018，24(10):2536-2546.

[64] Mori K, Tsukiyama M, Fukuda T. Adaptive scheduling system inspired by immune system. In:IEEE International Conference on System, Man and Cybernetics[J]. San Diego California, USA. 1998, 10:3833-3837.

[65] Mori K, Tsukiyama M.Application of an immune algorithm to multi-optimization problems[J]. Electrical Engineering in Japan. 1998, 122(2):30-37.

[66] Fukuda T, Mori K, Tsukiyama M. Parallel search for multi-model function optimization with diversity and learning of immune algorithm[J]. In Artificial Immune Systems and Their Applications. Springer-Verlag. 1999:210-220.

[67] Tazawa I, et al. An optimization method based on the immune system[J]. In Proc.World Congress on Neural networks, San Diego CA, USA. 1996:1045-1049.

[68] Tazawa I, Koakutsu S, Hirata H. An evolutionary optimization based on the immune system and Its application to the VLSI Floor-Plan design problem[J]. Electrical Engineering in Japan. 1998, 124(4):27-36.

[69] Chun J S, Kim M K, Jung H K. Shape optimization of electromegnetic using immune algorithm[J]. IEEE Transactions on Magnetics. 1997, 33(2):1876-1879.

[70] Chun J S, Jung H K, Hahn S Y.A Study on comparison of optimization performance between immune algorithm and other heuristic algorithms[J]. IEEE Transactions on Magnetics. 1998, 34(5):2972-2975.

[71] 刘克胜，张军，曹先彬. 一种基于免疫原理的自律机器人行为控制算法[J]. 计算机工程与应用，2000，36 (5):30-32.

[72] 罗攀，唐新蓬. 基于面向对象的人工免疫系统模型的多传感器融合[J]. 机器人技术与应用，2002，2:22-27.

[73] 王磊，潘进，焦李成. 免疫规划[J]. 计算机学报，2000，23 (8): 806-812.

[74] 王磊，潘进，焦李成. 免疫算法[J]. 电子学报，2000，28(7): 74-78.

[75] 杜海峰，刘若辰，焦李成，等. 求解 0/1 背包问题的人工免疫抗体修正克隆算法[J]. 控制理论与应用，2005，22(3):348-352.

[76] 杜海峰，刘若辰，焦李成. 一种免疫单克隆策略算法[J]. 电子学报，2004，32 (10):1180-1184.

[77] 刘若辰，杜海峰，焦李成. 免疫多克隆策略[J]. 计算机研究与发展，2004，41(4).

[78] 刘若辰，杜海峰，焦李成. 基于柯西变异的免疫单克隆策略[J]. 西安电子科技大学学报（自然科学版），2004，31(4):551-556.

[79] 杨孔雨，王秀峰. 自适应多模态免疫进化算法的研究与实现[J]. 控制与决策，2005，20(6):717-720.

[80] 王孙安，郭子龙. 混沌免疫优化组合算法[J]. 控制与决策，2006，21(2):205-209.

[81] 罗小平. 人工免疫遗传学习算法及其工程应用研究[D]. 杭州：浙江大学，2001.

[82] 罗小平，韦巍. 一种基于生物免疫遗传学的新优化方法[J]. 电子学报，2003，31(1):59-62.

[83] Bonabeau E, Dorigo M and Theraulaz G. Swarm intelligence: from natural to artifical systems[M]. NY: Oxford Uniu Press, 1999.

[84] Kennedy J, Eberhart R. C, Shi Y. Swarm intelligence[M]. San Francisco: Morgan Kaufmann Publishers, 2001.

[85] Coloni A, Dorigo M, Maniezzo V. Distributed optimization by ant colonies[M]. In Proceedings of European Conference on Artificial Life, 1991:134-142.

[86] Dorigo M, Maniezzo V, Coloni A. The ant system: optimization by a colony of cooperating Agents[J]. IEEE Trans. Syst. Man, Cybern, 1996, 26(2): 29.

[87] Dorigo M, Gambardella L M. Ant Colony System: A cooperative learning approach to the traveling salesman problem[J]. IEEE Transactions on Evolutionary Computation, 1997, 1(1):53-66.

[88] J. Chen, X.-M. You, S. Liu, etal. Entropy-based dynamic heterogeneous ant colony optimization[J]. IEEE Access, 2019, 7: 56317-56328.

[89] M. Kurdi. Ant colony system with a novel non-daemon actions procedure for multiprocessor task scheduling in multistage hybrid _ow shop[J]. Swarm Evol. Comput., 2019, 44:987-1002.

[90] Maniezzo V, Colomi A. The ant system applied to the quadratic assignment problem[J]. IEEE Trans. Knowledge Data Eng. 1999, 11 (5):769-778.

[91] 陈志明，陈志祥. 泛区间搜索的连续函数优化鲁棒蚁群算法[J]. 模式识别与人工智能，2014，27(06):487-495.

[92] Jayaraman V K, Kulkami BD, etal. Ant colony framework for optimal design and scheduling of batch Plants[J]. Computers&Chemical Engineering, 2000, 24:1901-1912.

[93] Di Caro G, Dorigo M. AntNet: Distributed stigmergetic control for communications

networks[J]. Journal of Artificial Intelligence Research, 1998, 9:317-365.

[94] Li L Y, Li Z M, Zhou Z. A new dynamic distributed routing algorithm on telecommunication networks[J]. International Conference on Communication Technology Proceedings, 2000, 1:849-852.

[95] Gunes M, Sorges U, Bouazizi I. ARA the ant colony based routing algorithm for MANETs[J]. Proceedings International Conference on Para11e1 Processing workshops. Uuncouver, BC, Canada, 2002:79-85.

[96] 王慕阳. 基于 SDN 架构的确定网络传输技术研究[D]. 东南大学，2018.

[97] Eberhart R C, Kennedy J. A new optimizer using particle swarm theory[C]. Proceedings of the Sixth International Symposium on Micro Machine and Human Science[A]. Nagoya, Japan, 1995:39-43.

[98] Kennedy J, Eberhart R C. Particle swann optimization[J]. Proceedings of the IEEE international Conference on Neural Networks. Piscataway, NJ, Perth, Australia: IEEE service center. 1995: 1942-1948.

[99] 吕志明，王霖青，赵珺，等. 一种基于多代理模型的混合整数规划优化方法[J]. 控制与决策，2019，34(02):362-368.

[100] Coello C A, Pulido G T, Lechuga M S.Handling multiple objectives with particle swarm optimization[J]. IEEE Transactions on evolutionary computation, 2004, 8(3):256-279.

[101] 李宁，刘飞，孙德宝. 基于带变异算子粒子群优化算法的约束布局优化研究[J]. 计算机学报，2004，27(7):897-903.

[102] 李炳宇，萧蕴诗，吴启迪. 一种基于粒子群算法求解约束优化问题的混合算法[J]. 控制与决策，2004，19(7):804-807.

[103] 米歇尔. 沃尔德罗. 复杂——诞生于秩序与混沌边缘的科学[M]. 北京：三联书店，1997.

[104] 姚旭，王晓丹，张玉玺，等. 基于粒子群优化算法的最大相关最小冗余混合式特征选择方法[J]. 控制与决策，2013，28(03):413-417，423.

[105] Chao Guan, Zeqiang Zhang, Silu Liu, etal. Multi-objective particle swarm optimization for multi-workshop facility layout problem[J]. Journal of Manufacturing Systems, 2019, 53:32-48.

[106] 刘兆广，纪秀花，刘云霞. 一种快速收敛的非参数粒子群优化算法及其收敛性分析[J]. 电子学报，2018，46(07):1669-1674.

[107] 肖人彬，王英聪. 群智能自组织劳动分工研究进展[J]. 信息与控制，2019，48(02):129-139，148.

[108] 钱晓宇，方伟. 基于局部搜索的反向学习竞争粒子群优化算法[J/OL]. 控制与决策：1-10[2019-12-19]. https://doi.org/10.13195/j.kzyjc.2019.1150.

[109] Xiao-Fang Liu, Yu-Ren Zhou, Xue Yu, etal. Dual-archive-based particle swarm optimization for dynamic optimization[J]. Applied Soft Computing Journal, 2019, 85.

[110] Eberhart R C, Y. Shi. Particle Swarm Optimization: Developments, Applications and Resources[J]. In Proceedings of Congress on Evolutionary Computation. IEEE service center, Piscataway, NJ, Seoul, Korea, 2001: 81-86.

[111] 徐小斐，陈婧，饶运清，等. 迁移蚁群强化学习算法及其在矩形排样中的应用[J/OL]. 计算机集成制造系统:1-20[2019-12-19]. http://kns.cnki.net/kcms/detail/11.5946.TP.20191129.1449.016.html.

[112] 李承祖. 量子通信和量子计算[M]. 国防科技大学出版社，2000.

[113] Narayanan A and Moore M. Quantum inspired genetic algorithms[J]. In Proceedings of Evolutionary Computation (ICEC96).the IEEE International Conference on Nogaya, Japan, IEEE Press, 1996:41-46.

[114] Narayanan A. Quantum computing for beginners[J]. Proceedings of the 1999 Congress on Evolutionary Computation. 1999, 3: 1999-2238.

[115] Han K H, Park K H.Parallel quantum-inspired genetic algorithm for combinatorial optimization problems[J]. In Proc of the IEEE Conference on Evolutionary Compu- tation.Piscataway: IEEE Press. 2001:1442-1429.

[116] Han K H, Kim J H. Genetic quantum algorithm and its application to combinatorial optimization problems[J]. In Proc of IEEE International Conference on Evolutionary Computation. Piscataway: IEEE Press. 2000:1354 -1360.

[117] Li B, Zhuang Z Q, Xie G J. A quantum genetic algorithm[C]. The International Symposium on Quantum Information, Huangshan, China, 2001.

[118] 李斌. 金融时间序列数据挖掘关键算法研究[D]. 中国科学技术大学, 2001.

[119] Yang J A, Zhuang Z Q. Research of quantum genetic algorithm and its application in blind source separation[J]. Journal of Electronics (China), 2003, 20(1):62-68.

[120] 杨俊安, 庄镇泉, 史亮. 多宇宙并行量子遗传算法[J]. 电子学报, 2004, 32(3).

[121] 杨俊安, 庄镇泉. 量子遗传算法研究现状[J]. 计算机科学, 2003, 11.

[122] 杨俊安, 庄镇泉. 一种基于负熵最大化的改进的独立分量分析快速算法[J]. 电路与系统学报, 2002, 7(4):37-40.

[123] 杨俊安, 庄镇泉. 基于独立分量分析和遗传算法的图像分离方法研究与实现[J]. 中国图象图形学报, 2003, 4.

[124] 杨俊安, 庄镇泉. 量子遗传算法及其在盲源分离中的应用研究[J]. 计算机辅助设计与图形学学报, 2003, 7.

[125] 杨淑媛, 焦李成, 刘芳. 量子进化算法[J]. 工程数学学报, 2006, 23(2).

[126] Li Y, Zhang Y N, Zhao R C, etal. The immune quantum-inspired evolutionary algorithm[J]. IEEE International Conference on Systems, Man and Cybernetics, 2004:3301-3305.

[127] 游晓明, 刘升, 帅典勋. 基于免疫原理的量子进化算法研究与实现[J]. In proc.of WCICA06, 2006, 6:3410-341.

[128] You X M, Liu S, Shuai D X.On parallel immune quantum evolutionary algorithm based on learning mechanism and its convergence[J]. Lecture Notes in Computer

Science, LNCS 4221, 2006(10): 903-912.

[129] Reynolds R G. An introduction to cultural algorythms[J]. In: Proc. of the 3rd annual Conf. on Evolution Programming. NJ.World Scientific Publish, 1994:133-136.

[130] 何平. 中国和西方思想中的"文化"概念[J]. 史学理论研究, 1999, (2):69-80.

[131] Geertz C. Ritual and social change:A javanese example[J]. American Anthropology, 1957, 59: 991-1012.

[132] Singer M. Culture[J]. International Encyclopedia of Social Sciences, 1968, 3:527-543.

[133] Boyd R, Richerson P. Culture and the evolutionary process[M]. Chicago:University Of Chicago Press, 1985.

[134] 威尔逊. 论人的天性[M]. 贵阳：贵州人民出版社，1987:20.

[135] Papadimitriou C H, Steiglitz K. Combinatorial Optimization: Algorithms and Complexity[M]. New Jersey: Prentice-Hall. 1982.

[136] 姚恩瑜. 数学规划与组合优化[M]. 浙江大学出版社，2003.

[137] Wilson E O. Sociobiology: The news synthesis. Cambridge[M]. MA: Belknap Press. 1975.

[138] Shi Y, Eberhart R.C. A modified particle swarm optimizer[J]. In: The 1998 Conference of Evolutionary Computation. Piscataway, NJ: IEEE Press, 1998, 69-73.

[139] Shi Y, Eberhart R C. Parameter selection in particle swarm optimization[J]. Lecture Notes in Computer Science 1447, Springer.1998, 591-600.

[140] Shi Y, Eberhart RC.Empirical study of particle swarm optimization[J]. In: The Congress on Evolutionary Computation. Piscataway, NJ: IEEE Service Center, 1999, 1945-1949.

[141] Eberhart R, Shi Y. Comparing Inertia weights and constriction factors in particle swarm optimization[J]. In: IEEE International Conference on Evolutionary Computation. Piscataway, NJ:IEEE Service Center, 2000,84-88.

[142] Shi Y, Eberhart R C. Fuzzy adaptive particle swarm optimization[J]. In: The Congress on Evolutionary Computation. Piscataway, NJ: IEEE Press, 2001, 101-106.

[143] 于振中，李强，樊启高. 智能仿生算法在移动机器人路径规划优化中的应用综述[J]. 计算机应用研究，2019，36(11):3210-3219.

[144] M.K. Marichelvam, M. Geetha, Ömür Tosun. An improved particle swarm optimization algorithm to solve hybrid flowshop scheduling problems with the effect of human factors – A case study[J]. Computers and Operations Research, 2020, 114.

[145] Sasirekha, K. , Thangavel, K. Optimization of K-nearest neighbor using particle swarm optimization for face recognit[J]. Neural Comput & Applic, 2019, 31(11): 7935-7944.

[146] 段海滨，王道波，朱家强，等．蚁群算法理论及应用研究的进展[J]．控制与决策，2004，19(12):1321-1326，1340.

[147] 贾兆红，王燕，张以文．求解差异机器平行批调度的双目标协同蚁群算法[J/OL]．自动化学报:1-15[2019-12-19]. https://doi.org/10.16383/j.aas.c180834.

[148] Feynman R P. Simulating physics with computers[J]. International Journal of Theoretical Physics.1982,26(21):467-488.

[149] Deutsch D. Quantum theory, the church-turing principle and the universal quantum computer[J]. Proc. Roy. Soc, London A. 1985, 425:73-90.

[150] Deutsch D. Quantum theory, the church-turing principle and the universal quantum computer[J]. Proc. Roy. Soc, London A.1985, 400:97-117.

[151] Shor P W.Algorithms for quantum computation discrete algorithms and factoring[J]. In: Proc of the 35th Annual Sym. on Foundations of Computer Science. Los Alamitos: IEEE Computer Society Press, 1994:124-134.

[152] Shor P W. Fault-tolerant quantum computation[J]. Proceedings of 37th Annual Symposium on Foundations of Computer Science, 1996:56-65.

[153] Grover L K. Quantum computation[J]. Proceedings of Twelfth International Conference on VLSI Design, 1999:548-553.

[154] Grover L K.A fast mechanical algorithm for database search[J]. In: Proceedings of 28th Annual ACM Symposium on the Theory of Computing.Philadelphia, Pennsylvania, ACM Press, 1996:212-221.

[155] Grover L K.Quantum mechanics helps in searching for a needle in a haystack[J]. Phys.Rev. Lett, 1997,79: 325-328.

[156] Dorigo M, Caro G D. Ant colony optimization: A new meta-heuristic[J]. Proceedings of the Congress on Evolutionary Computation, 1999, 2:1470-1477.

[157] Bullnheimer B, Hartl R F, Strauss C A new rank based version of the ant system ——a computational study[J]. Central European Journal for Operations Research and Economics, 1999, 7: 25-38.

[158] Gambardella L M, Dorigo M. Ant-Q: A Reinforcement learning approach to the traveling salesman problem[J]. Proceedings of ML-95. Twelfth International Conference on Machine Learning, Tahoe City, Morgan Kaufmann, 1995, 252-260.

[159] Dorigo M, Gambardella L M.A study of some properties of Ant-Q[J]. Proceedings of PPSN IV-Fourth International Conference on Parallel Problem Solving From Nature. Berlin, Germany, Berlin: Springer-Verlag, 1996, 9:656-665.

[160] Dorigo M, Gambardella L M.Ant colonies for the traveling salesman problem[J]. BioSystems, 1997, 43:73-81.

[161] Stützle T, Hoos H H.MAX-MIN ant system[J]. Future Generation Computer Systems, 2000, 16(8):889-914.

[162] 张纪会, 高齐圣, 徐心和. 自适应蚁群算法[J]. 控制理论与应用, 2000, 17(1):1-3.

[163] 吴庆洪, 张纪会, 徐心和. 具有变异特征的蚁群算法[J]. 计算机研究与发展, 1999, 36(10):1240-1245.

[164] 吴斌, 史忠植. 一种基于蚁群算法的 TSP 问题分段求解算法[J]. 计算机学报, 2002, 24(12):1328-1333.

[165] 陈峻, 沈洁, 秦岭, 等. 基于分布均匀度的自适应蚁群算法[J]. 软件学报, 2003, 14(8):1379-1387.

[166] 朱庆保, 杨志军. 基于变异和动态信息素更新的蚁群优化算法[J]. 软件学报, 2004, 15(2):185-192.

[167] Reynolds RG, Peng B, Brewster J. Cultural swarms II: virtual algorithm emergence[J]. In Proceedings of IEEE Congress on Evolutionary Computation, 2003, l972-1979.

[168] Reynolds R G, Peng B. Cultural Algorithms: Modeling of How Cultures Learn to solve Problems[C]. In Proceeding of 16th IEEE International Conference on Tools with Artificial Intelligence[A]. 2004, 166-172.

[169] Reynolds R G, Jin X. Using region-schema to solve nonlinear constraint optimization problems: a cultural algorithm approach[J]. In: Conference in honor of John H, Holland, 1999.

[170] Chung C J, Reynolds R G. A testbed for solving optimization problems using cultural algorithms[J]. In Proc. of the Fifth Annual Conference on Evolutionary Programming. Cambridge, Massachusetts, MIT Press.1996.

[171] Reynolds R G, Michalewicz Z., Michael J C. Using cultural algorithms for constraint handling in GENOCOP[J]. Evolutionary Programming, 1995: 289-305.

[172] Jin X, Reynolds R G. Using knowledge-based evolutionary computation to solve nonlinear constraint optimization problems: a cultural algorithm approach[J]. In: Congress on Evolutionary Computation. Washington, D.C., IEEE Service Center, 1999, 1672-1678.

[173] Chung C J. Knowledge-based approaches to self-adaptation in cultural algorithms[D]. Ph.D.thesis, Wayne State University, Detroit Michigan.1997.

[174] Saleh Saleem. Knowledge-based solutions to dynamic problems using cultural algorithms[D]. PhD thesis, Wayne State University, Detroit Michigan.2001.

[175] Trung T N, Xin Y. Hybridizing cultural algorithms and local search[D]. Lecture Notes in Comptuer Science. Springer, 2006, 4224: 586-594.

[176] Reynolds R G, Peng B.Knowledge learning and social swarms in culture algorithms[J]. The Journal of MathematicSociology, 2005, 29(2): 115-132.

[177] Ricardo L B, Carlos A, Coello C. A cultural algorithm with differential evolution to solve constrained optimization problems[J]. Lecture Notes in Compture Science, 2004, 3315:881-890.

[178] Guo, Y., Yang, Z., Wang, C. , et al. Cultural particle swarm optimization algorithms for uncertain multi-objective problems with interval parameters[J].

Nat Comput, 2017, 16(4): 527-548.

[179] Majid Abdolrazzagh-Nezhad. Enhanced cultural algorithm to solve multi-objective attribute reduction based on rough set theory[J]. Mathematics and Computers in Simulation, 2019.

[180] 刘天宇. 基于协作学习和文化进化机制的量子粒子群算法及应用研究[D]. 西安电子科技大学，2017.

[181] Fogel D B. Evolutionary computation: toward a new philosophy of machine intelligence[M]. Piscataway, NJ:IEEE Press. 1995.

[182] Fogel L J. Artificial intelligence through simulate evolution[M]. New York: John Wiley & Sons. 1999.

[183] Gehlhaar D, Fogel D. Tuning EP for conformationally flexible molecular docking[C]. In proceeding of the 5th Annual Conference on Evolutionary Programming[A]. 1996.

[184] Jin X. Solving constrained optimization problems using cultural algorithms and regional schemata[D]. Wayne State University, Detroit Michigan. 2001.

[185] Floudas C A, Pardalos P M. A Collection of Test Problems for Constrained Global Optimization Algorithms[J]. Berlin,Germany:Springer-verlag, Lecture Notes in Computer Science, 1990, 455.

[186] Storn R, Price K. DE——a simple and efficient heuristic for global optimization over continuous space[J]. Journal of Global Optimization, 1997, 4:341-359.

[187] Frans V D B. An analysis of particle swarm optimizers[D]. South Africa: Department of Computer Science,University of Pretoria, 2002.

[188] Zhang W, Xie X.DEPSO:Hybrid particle swarm with differential evolution Operator[J]. Proceedings of IEEE International Conference on Systems,Man and Cybernetics, 2003:3816-3821.

[189] 郑小霞，钱锋. 一种改进的微粒群优化算法[J]. 计算机工程，2006，32(15):25-27.

[190] Hendtlass T. A combined swarm differential evolution algorithm for optimization problems[J]. Lecture Notes in Artificial Intelligence, 2001, 2070:11-18.

[191] Runarsson T P, Yao X. Stochastic ranking for constrained evolutionary optimization[J]. IEEE Trans. on Evolutionary Computation, 2000, 4(3):284-294.

[192] Becerra R L, Coello Coello CA. A cultural algorithm with differential evolution to solve constrained optimization problems[J]. LNAI3315, 2004:881-890.

[193] Clerc M.The swarm and the queen:Towards adeterministic and adaptive particle swam optimization[D]. The Congress of Evolutionary Computation.Washington DC, USA. 1999.

[194] 张研，苏国韶，燕柳斌. 基于粒子群优化与高斯过程的协同优化算法[J]. 系统工程与电子技术，2013，35(06):1342-1347.

[195] Liang J J，Qin A K，Suganthan P N，et a1.Particle swam optimization algorithms with novel learning strategies[J]. Proceedings of IEEE conference on Systems,

Man and Cybernetics. 2004:3659-3664.

[196] Yan J, Hu T, Huang C C, et al. N. An improved particle swarm optimization algorithm[J]. Applied Mathematics and Computation, 2007, 193: 231-239.

[197] 贾兆红，王燕，张以文. 求解差异机器平行批调度的双目标协同蚁群算法 [J/OL]. 自动化学报：1-15[2019-12-21]. https://doi.org/10.16383/j.aas.c180834.

[198] Gutjahr W J. A graph-based ant system and its convergence[J]. Future Generation Computer Systems, 2000, 16 :873-888.

[199] Han K H, Kim J H. Quantum-inspired evolutionary algorithm for a class of combinatorial optimization[J]. IEEE Transaction on Evolutionary Computation, 2002, 16(6): 580-592.

[200] Hajela P, Yoo J S. Immune network modelling in design optimization[D]. In New Ideas in Optimization, McGraw Hill, London, 1999: 203-215.

[201] 汪桂金，胡剑锋. 多种群人工免疫算法在多峰函数上的优化[J]. 南昌大学学报（工科版），2018，40(03):299-302，306.

[202] 吴建辉，章兢，张小刚，等. 分层协同进化免疫算法及其在 TSP 问题中的应用[J]. 电子学报，2011，39(02):336-344.

[203] 张伟伟. 基于生物免疫隐喻机制的 AIS 优化算法研究[D]. 重庆大学，2013.

[204] 曹鹏飞. 基于免疫机理的多机器人智能协作系统研究[D]. 东华大学，2018.

读者调查表

尊敬的读者：

  自电子工业出版社工业技术分社开展读者调查活动以来，收到来自全国各地众多读者的积极反馈，除了褒奖我们所出版图书的优点外，也很客观地指出需要改进的地方。读者对我们工作的支持与关爱，将促进我们为您提供更优秀的图书。您可以填写下表寄给我们（北京市丰台区金家村 288#华信大厦电子工业出版社工业技术分社　邮编：100036），也可以给我们电话，反馈您的建议。我们将从中评出热心读者若干名，赠送我们出版的图书。谢谢您对我们工作的支持！

姓名：_____ 性别：□男　□女

年龄：_____ 职业：_____

电话（手机）：_____ E-mail：_____

传真：_____ 通信地址：_____

邮编：_____

1. 影响您购买同类图书因素（可多选）：

□封面封底　　□价格　　　　□内容提要、前言和目录

□书评广告　　□出版社名声

□作者名声　　□正文内容　　□其他_____

2. 您对本图书的满意度：

从技术角度	□很满意	□比较满意	
	□一般	□较不满意	□不满意
从文字角度	□很满意	□比较满意	□一般
	□较不满意	□不满意	

从排版、封面设计角度　　□很满意　　　□比较满意

□一般　　　□较不满意　　　□不满意

3. 您选购了我们哪些图书？主要用途？

_____

4. 您最喜欢我们出版的哪本图书？请说明理由。

_____

5. 目前教学您使用的是哪本教材？（请说明书名、作者、出版年、定价、出版社），有何优

缺点？

_____

6. 您的相关专业领域中所涉及的新专业、新技术包括：

_____

7. 您感兴趣或希望增加的图书选题有：

_____

8. 您所教课程主要参考书？请说明书名、作者、出版年、定价、出版社。

_____

邮寄地址：北京市丰台区金家村 288#华信大厦电子工业出版社工业技术分社

邮　　编：100036

电　　话：18614084788　E-mail：lzhmails@phei.com.cn

微 信 ID：lzhairs

联 系 人：刘志红

电子工业出版社编著书籍推荐表

姓名		性别		出生 年月		职称/职务	
单位							
专业				E-mail			
通信地址							
联系电话				研究方向及 教学科目			
个人简历（毕业院校、专业、从事过的以及正在从事的项目、发表过的论文）							
您近期的写作计划： 您推荐的国外原版图书： 您认为目前市场上最缺乏的图书及类型：							

邮寄地址：北京市丰台区金家村 288#华信大厦电子工业出版社工业技术分社

邮　　编：100036

电　　话：18614084788　E-mail：lzhmails@phei.com.cn

微 信 ID：lzhairs

联 系 人：刘志红